BIM 工程师
职业技能培训丛书

Revit

2021 中文版

从入门到精通

胡仁喜 刘昌丽 编著

人民邮电出版社
北京

图书在版编目（CIP）数据

Revit 2021中文版从入门到精通 / 胡仁喜，刘昌丽
编著. — 北京 : 人民邮电出版社，2021.8（2023.3 重印）
（BIM工程师职业技能培训丛书）
ISBN 978-7-115-56308-8

Ⅰ. ①R… Ⅱ. ①胡… ②刘… Ⅲ. ①建筑设计—计算
机辅助设计—应用软件 Ⅳ. ①TU201.4

中国版本图书馆CIP数据核字（2021）第060039号

内 容 提 要

本书结合具体实例，由浅入深、从易到难地讲解了 Revit 2021 的基本知识，并以培训大楼设计为例，介绍了 Revit 2021 在工程设计中的应用。本书内容按知识结构分为 17 章，包括 Revit 2021 简介、绘图环境设置、基本绘图工具、概念体量、绘图准备、一层主体建筑绘制、其他层的主体建筑绘制、楼板设计、创建门窗族、布置门窗、屋顶设计、楼梯设计、外部设计、场地设计、家具布置、渲染视图和施工图设计等内容。

本书适合用作从事建筑设计相关行业的工程技术人员的学习参考书，也可用作各类院校和培训机构相关课程的教材和参考书。

◆ 编　著　胡仁喜　刘昌丽
　　责任编辑　颜景燕
　　责任印制　王　郁　彭志环

◆ 人民邮电出版社出版发行　　北京市丰台区成寿寺路 11 号
　　邮编　100164　　电子邮件　315@ptpress.com.cn
　　网址　https://www.ptpress.com.cn
　　北京七彩京通数码快印有限公司印刷

◆ 开本：787×1092　1/16
　　印张：23　　　　　　　　2021 年 8 月第 1 版
　　字数：629 千字　　　　　2023 年 3 月北京第 5 次印刷

定价：99.80 元

读者服务热线：(010)81055410　印装质量热线：(010)81055316
反盗版热线：(010)81055315
广告经营许可证：京东市监广登字 20170147 号

Autodesk Revit Architecture 软件专门为建筑信息模型（Building Information Modeling，BIM）而构建。Autodesk Revit Architecture 是以从设计、施工到运营的协调和可靠的项目信息为基础而构建的集成流程。通过采用 Autodesk Revit Architecture，建筑公司可以在整个绘图流程中使用一致的信息来设计和绘制创新项目，可以精确实现建筑外观的可视化，模拟真实性能以便让项目各方了解成本、工期与环境影响。

一、本书特色

本书具有以下五大特色。

作者专业

本书由 Autodesk 中国认证考试官方教材指定执笔作者胡仁喜博士组织编写，所有编者都是高校从事计算机辅助设计教学研究多年的一线人员，具有丰富的教学实践经验与教材编写经验。他们前期出版的一些相关书籍经过市场检验，很受读者欢迎。多年的教学工作经验使他们能够准确地把握读者的心理与实际需求，本书所有编者总结多年的设计经验以及教学的心得体会，精心准备，力求全面、细致地展现 Revit 软件在建筑设计应用领域的各种功能和使用方法。

知行合一

本书围绕某商业大楼的设计逐步展开讲解，结合实例详细讲解 Revit 软件的知识要点，让读者在学习案例的过程中潜移默化地掌握 Revit 软件的操作技巧，同时培养工程设计实践的能力。

由浅入深

本书编者根据多年的计算机辅助设计领域的工作经验和教学经验，针对初级用户学习 Revit 的难点和疑点，由浅入深，全面、细致地讲解了 Revit 软件在建筑设计应用领域的各种功能和使用方法。

实例丰富

本书中有很多实例本身就是工程设计项目案例，经过编者精心提炼和改编，不仅能保证读者学好知识点，更重要的是能帮助读者掌握实际的操作技能。

内容全面

本书在有限的篇幅内，讲解了 Revit 软件的常用功能，不仅有透彻的讲解，还有丰富的实例。通过练习这些实例，读者能够轻松地掌握 Revit 的使用方法。

二、本书的组织结构和主要内容

本书以 Revit 2021 版本为演示平台，以一栋培训大楼的设计过程为例，全面介绍 Revit 2021 从基础知识到实例制作的全部知识，帮助读者从入门走向精通。全书分为 17 章，各章内容如下。

第 1 章主要为 Revit 2021 简介。

第 2 章主要介绍绘图环境设置。

第 3 章主要介绍基本绘图工具。

第 4 章主要介绍概念体量。

第 5 章主要介绍绘图准备。

第 6 章主要介绍一层主体建筑绘制。

第 7 章主要介绍其他层的主体建筑绘制。

第 8 章主要介绍楼板设计。

第 9 章主要介绍创建门窗族。

第 10 章主要介绍布置门窗。

第 11 章主要介绍屋顶设计。

第 12 章主要介绍楼梯设计。

第 13 章主要介绍外部设计。

第 14 章主要介绍场地设计。

第 15 章主要介绍家具布置。

第 16 章主要介绍渲染视图。

第 17 章主要介绍施工图设计。

三、本书的配套资源

本书为读者提供了极为丰富的学习配套资源，以便读者朋友能在短时间内学会并精通这门技术。

1. 配套教学视频

编者针对本书实例专门制作了配套教学视频，读者可以先看视频，像看电影一样轻松愉悦地学习本书内容，然后对照课本加以实践和练习，能大大提高学习效率。

2. 全书实例的源文件和素材

本书提供实例的源文件和素材。

3. 配套资源使用方式

为了方便读者学习，本书以二维码的形式提供了全书实例的视频教程。扫描"云课"二维码，即可观看全书视频。

云课

此外，读者可关注"职场研究社"公众号，回复"56308"获取所有配套资源的下载链接；也可登录异步社区官网（www.epubit.com），搜索关键词"56308"下载配套资源；还可以加入福利QQ群【1015838604】，额外获取九大学习资源库。

四、本书编写人员

本书主要由河北交通职业技术学院的胡仁喜博士和石家庄三维书屋文化传播有限公司的刘昌丽编写，卢园、王敏、李亚莉、康士廷等人员也参与了部分章节的编写与整理工作。

由于编者水平有限，疏漏之处在所难免，广大读者可以联系 *yanjingyan@ptpress.com.cn* 提出宝贵意见，也可以加入 QQ 群【725195807】参与交流和讨论。

作者

2021 年 3 月

目　录
CONTENTS

第 4 章　概念体量 ·· 83

第 17 章 施工图设计 ·· 297

第 1 章
Revit 2021 简介

 知识导引

Revit 作为一款专门为建筑行业 BIM 而构建的软件，可以帮助建筑专业的设计和施工人员使用协调一致的、基于模型的新办公方法与流程，将设计创意从最初的概念变为现实的构造。本章主要介绍 Revit 特性、Revit 2021 新增与增强功能、Revit 2021 界面和文件管理。

1.1 Revit 概述

在 Revit 模型中，所有的图纸、二维视图、三维视图和明细表都是同一个基本模型数据库的信息表现形式。在图纸视图和明细表视图中操作时，Revit 将收集有关建筑项目的信息，并在项目的其他所有表现形式中协调该信息。Revit 参数化修改引擎可自动协调在任何位置（模型视图、图纸、明细表、剖面和平面）进行的修改。

1.1.1 软件介绍

Revit 提供支持建筑设计、MEP 工程设计和结构工程设计的工具。

1. 建筑设计

Revit 可以按照建筑师和设计师的思考方式进行设计，因此，可以提供更高质量、更加精确的建筑设计。Revit 通过其专为支持建筑信息模型工作流而构建的工具，可以获取并分析概念，并通过设计文档和建筑模型保持用户的视野。强大的建筑设计工具可以帮助用户保持从设计到建筑落成的各个阶段的一致性。

2. MEP 工程设计

Revit 向暖通、电气和给排水（Machine、Electric、Plumbing，MEP）工程师提供工具，可以设计复杂的建筑系统。

Revit 支持创建 BIM，可导出更高效的建筑系统，涵盖从概念到建筑的精确设计、分析和文档。

3. 结构工程设计

Revit 为结构工程师和设计师提供了工具，帮助他们更加精确地设计高效的建筑结构。

1.1.2 Revit 特性

BIM 能让建筑师在施工前更好地预测竣工后的建筑，使他们在如今日益复杂的商业环境中保持竞争优势。

建筑行业的竞争极为激烈，因此专业人员需要采用独特的技术来充分发挥自己的技能和丰富经验。

Revit 能够帮助用户在项目设计前期探究新颖的设计概念和外观，并能在整个施工文档中忠实地传达用户的设计理念。它支持可持续设计、碰撞检测、施工规划和建造，同时能帮助设计师与工程师、承包商和业主更好地沟通协作。设计过程中的所有变更都会在相关设计与文档中自动更新，实现更加协调一致的流程，以获得更加可靠的设计文档。

Revit 全面创新的概念设计功能和易用工具，可以帮助用户进行自由形状建模和参数化设计，并且还能够帮助用户对早期设计进行分析。借助这些功能，用户可以自由地绘制草图，快速地创建三维形状，交互地处理各个形状。用户还可以利用内置的工具进行复杂形状的概念介绍，为建造和施工准备模型。随着设计的持续推进，Revit 能够围绕设计中最复杂的形状自动构建参数化框架，并为用户提供更高的创建控制权限、精确性和灵活性，使从概念模型到施工文档的整个设计流程都在一个直观的环境中完成。

1.2　Revit 2021 新增与增强功能

Revit 2021 的新增和增强功能支持（可延伸至细节和施工的）多领域设计建模的一致性、协调性和完整性。

（1）衍生式设计。通过衍生式设计可以根据目标和约束来快速探索解决方案。同时，利用自动化的强大功能加快迭代速度，帮助用户做出更加明智的设计决策。

（2）实时真实视图。Revit 2021 增强了真实视图的功能，使用更好、更轻松和更快的真实视图来直接进行实时工作。真实视图已通过更好的图形和更快的导航得到了增强。Revit 2021 改进了"自动曝光"功能，使边在"图形显示选项"处于启用状态时会显示。

（3）电气回路命名。Revit 2021 中的电气工作流程使用灵活的电路命名方案，更符合国际化的要求。为了能更好地支持美国以外的回路标识约定，可以在"电气设置"对话框中定义回路命名方案，使用配电盘的"回路命名"实例参数来选择一个方案。

（4）自定义的工作空间。在 Revit 2021 中用户可以轻松地根据自己的工作习惯和要求来调整工作空间。用户可以创建配置，使 Revit 2021 针对用户的工作规程和工作角色提供量身定制的工作空间建议。

（5）倾斜墙。在 Revit 2021 中用户可以直观地创建和编辑倾斜的墙，并处理倾斜的门、窗和其他被托管的几何图形。用户通过 Revit 2021 创建倾斜墙或修改墙时，可使用"横截面"参数使其倾斜，然后使用"与垂直方向的角度"参数指定其角度（从 −90°到 90°，其中 0°表示垂直）。

（6）PDF 和图像链接。Revit 2021 可以将 PDF 或图像文件从本地或云存储链接到 Revit 2021 中。用户可以将 PDF 或图像文件链接到本地或云存储位置的二维视图，并保持其视觉逼真度、性能和功能。在创建 BIM 时，此功能可以高效地将 BIM 流程外部的其他人共享的二维文档用作参照。

（7）在欧洲数据中心上托管云模型。Revit 2021 支持在欧洲数据中心上托管 Revit 云的工作共享云模型（使用 Revit Cloud Worksharing）和非工作共享云模型（使用 Cloud Models for Revit）。但这对我国用户意义不大，除非有与欧洲企业合作的项目。

（8）明细表的行标线。用户在图纸视图上使用明细表时，可以将各行设置为以对比色显示，以便在明细表中跟踪行。在"明细表属性"对话框的"外观"选项卡中启用此功能后，即可为交替行自定义颜色。也可以在模板中设置"斑马纹"。

（9）基础设施规程和桥梁类别。为了更好地支持基础设施行业，Revit 2021 在"族类别"这个用户不可触碰的"禁区"中增加了包括桥面、桥台、桥墩、桥架等在内的好几个类别。Revit 2021 通过 InfraWorks 支持桥梁和土木结构工作流程，扩展了用于建模和文档编制的桥梁类别，添加了新的基础结构类别过滤器规程，并在基础结构过滤器中提供了 26 个模型类别和 20 个注释类别，这些类别支持可见性 / 图形替换、对象样式、明细表和标记。

（10）Dynamo 2.5 集成。Dynamo Revit 2.5 作为内部附加模块，自动与 Revit 2021 一起安装，但更新 Revit 并不会影响与旧的 Revit 版本一起安装的 Dynamo 版本。

（11）钢筋结构建模增强。Revit 2021 针对钢筋形状、连接器连接和螺纹钢端部处理等方面做了一系列加强和改进。

（12）集成的预制自动化。结构化预制扩展是 Revit 2021 的自带功能，以前的 Structural Precast Extension for Revit 现已集成到 Revit 2021 中，并且"钢"选项卡旁边有一个专用的"预制"选项卡。预制功能集成在 Revit 2021 中，从而简化其展开并使它们在 Revit 2021 支持的所有语言中可用。

（13）集成式钢连接节点。Revit 2021 提供了用于放置钢连接的 Dynamo 节点。从 Revit 2021 开始，专用于放置钢连接的钢连接节点随软件安装一起提供，作为 Dynamo for Revit 的一部分。Revit 2021 已预安装所有节点、自定义节点和样例脚本，并且 Autodesk Steel Connections 2021 软件包提供的所有功能均可用（无须另外设置），从而在 Dynamo for Revit 中加快展开并快速提供集成体验。

（14）用于钢结构建模的工具。使用钢加强筋和板增强了创建、编辑、查看和捕捉命令行为的功能。通过编辑螺栓图案和轮廓切割形状等相关功能，可以编辑现有钢图元轮廓切割或螺栓图案（包括螺栓、锚固件、孔和剪力钉图案）的形状和大小。

（15）集成式结构分析结果。集成的结构分析存储和探索功能，以前称为"附加模块"，现在已集成到 Revit 2021 中的"分析"选项卡中。这些功能随 Revit 2021 的安装一起提供，从而无须另外安装之前版本中所需的扩展软件包。

（16）增强电气设计。为了支持单相（中性线）配电盘，改进配电盘电路，以及更好地支持美国以外常见的配电系统，Revit 2021 新增了支持单相双线 L-N 配电盘的功能。

（17）增强 MEP 工作共享。Revit 2021 新增的工作共享和 MEP 图元功能，使得对 MEP 图元使用工作共享得到了改进，可提供更一致的体验并使利益相关方之间能够更好地协作。

（18）BIM 360 Docs 中的 P&ID。适用于 Revit 的 P&ID Modeler 现在可以连接到 BIM 360 Docs。Revit 2021 在与使用 Plant 3D 的用户协作时，会参照存储在 BIM 360 Docs 中的 P&ID 图形。

（19）链接文件的坐标可见。为了更加轻松地协调链接文件，Revit 2021 可以在主体模型中查看链接模型的测量点、项目基点和内部原点。

（20）增强与 Inventor 之间的 BIM 互操作性。Revit 2021 进一步加强了与 Inventor 之间的 BIM 互操作性，增强了后续向加工制造与深化设计方面的工作流的扩展性。

1.3　Revit 2021 界面

在学习 Revit 2021 之前，首先要了解其操作界面。新版软件更加人性化，不仅提供了便捷的操作工具，便于初级用户快速熟悉操作环境，而且对于熟悉该软件的用户而言，操作起来更加方便。

双击桌面上的 Revit 2021 图标，进入图 1-1 所示的 Revit 2021 主页。单击"新建"按钮，新建一个项目文件，进入 Revit 2021 绘图界面，如图 1-2 所示。

图 1-1　Revit 2021 主页

图 1-2　Revit 2021 绘图界面

1.3.1 "文件"程序菜单

"文件"程序菜单中不仅提供了常用的文件操作命令，如"新建""打开""保存"等，还允许使用更高级的工具（如"导出"）来管理文件。单击"文件"选项卡打开程序菜单，如图1-3所示。"文件"程序菜单无法在功能区中移动。

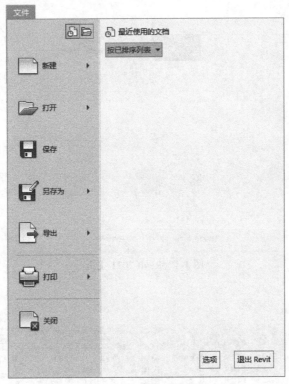

图 1-3 "文件"程序菜单

要查看每个菜单的选项，可单击其右侧的下拉按钮 ▸，打开下一级菜单，选择所需的选项进行操作。

可以直接单击应用程序菜单中左侧的主要按钮来执行默认的操作。

1.3.2 快速访问工具栏

绘图界面左上角图标 ▉的右侧列出了一排工具图标，这里是快速访问工具栏，用户可以直接单击相应的按钮进行操作。

单击快速访问工具栏上的"自定义访问工具栏"按钮 ▾，打开图1-4所示的下拉菜单，可以对该工具栏进行自定义，勾选命令则该命令会在快速访问工具栏上显示，取消勾选命令则该命令会隐藏。

在快速访问工具栏的某个工具按钮上单击鼠标右键，打开图1-5所示的快捷菜单，单击"从快速访问工具栏中删除"命令，将删除选择的工具按钮。单击"添加分隔符"命令，将在选择的工具按钮的右侧添加分隔符线。单击"在功能区下方显示快速访问工具栏"命令，快速访问工具栏将显示在功能区的上方或下方。单击"自定义快速访问工具栏"命令，打开图1-6所示的"自定义快速访问工具栏"对话框，可以对快速访问工具栏中的工具按钮进行排序、添加或删除分隔线等操作。

图 1-4　下拉菜单　　　　图 1-5　快捷菜单　　　　图 1-6　"自定义快速访问工具栏"对话框

"自定义快速访问工具栏"对话框中的选项说明如下。

● 上移 ⬆ / 下移 ⬇：在对话框的列表中选择工具按钮，然后单击 ⬆（上移）按钮或 ⬇（下移）按钮将该工具按钮移动到所需位置。

● 添加分隔符 ⬚：选择要显示在分隔线上方的工具按钮，然后单击此按钮，添加分隔线。

● 删除 ❌：在对话框的列表中选择工具按钮或分隔线，单击此按钮可将其从工具栏中删除。

在功能区上需要添加的工具按钮上单击鼠标右键，打开快捷菜单，然后单击"添加到快速访问工具栏"命令，即可将该工具按钮添加到快速访问工具栏中默认工具的右侧。

提示　　　　如果在工具按钮上单击鼠标右键，打开的快捷菜单呈灰色，则该工具无法添加到快速访问工具栏中，例如"工作平面"面板中的"设置"按钮 ▦、"显示"按钮 ▦、"参照平面"按钮 ✍ 和"查看器"按钮 ▦。

1.3.3　信息中心

信息中心包括一些常用的数据交互访问工具，如图 1-7 所示，可以访问许多与产品相关的信息源。

（1）搜索。在搜索框中输入要搜索信息的关键字，然后单击"搜索"按钮 🔍，即可在联机帮助中快速查找信息。

（2）Autodesk A360。使用该工具可以获得与 Autodesk Account 相同的服务，而 Autodesk 360 还具有移动性和协作优势。个人用户可以通过申请的 Autodesk 账户，登录自己的云平台。

图 1-7　信息中心

（3）Autodesk App Store。单击 🛒 按钮，可以登录 Autodesk 官方的 App 网站，下载不同系列软件的插件。

1.3.4 功能区

功能区位于快速访问工具栏的下方，是创建建筑设计项目所需的全部工具的集合。Revit 2021 将这些工具按类别放在不同的选项卡和面板中，如图1-8所示。

图1-8 功能区

功能区包含选项卡、子选项卡和面板等部分。其中，每个选项卡都将其中的工具细分为几个面板进行集中管理。当选择某图元或者激活某命令时，系统将在功能区选项卡后添加相应的子选项卡，且该子选项卡中列出了和该图元或命令相关的所有工具，用户不必再在下拉菜单中逐级查找。

创建或打开文件时，功能区会显示系统提供创建项目或族所需的全部工具。调整窗口的大小时，功能区中的工具会根据可用的空间自动调整大小。每个选项卡集成了相关操作的工具，方便用户使用。用户可以单击功能区选项卡后面的 ▣ 按钮控制功能区的展开与收缩。

（1）修改功能区。单击选项卡右侧的下拉按钮 ▾，系统提供了4种功能区的显示方式："最小化为选项卡""最小化为面板标题""最小化为面板按钮""循环浏览所有项"，如图1-9所示。

（2）移动面板。面板可以在绘图区"浮动"，在面板上按住鼠标左键并拖曳，如图1-10所示，将其放置到绘图区或桌面上即可。将鼠标指针放到浮动面板的右上角，显示"将面板返回到功能区"，如图1-11所示，单击此处，可使该面板变为"固定"面板。将鼠标指针移动到面板上将显示一个夹子，拖曳该夹子可移动面板到所需位置。

图1-9 下拉菜单　　　图1-10 拖曳面板　　　图1-11 固定面板

（3）展开面板。单击面板标题旁的下拉按钮 ▾ 可以展开该面板，显示相关的工具和控件，如图1-12所示。默认情况下，单击面板以外的区域，展开的面板会自动关闭。单击"图钉"按钮 ⇊，面板在其选项卡显示期间将始终保持展开状态。

图1-12 展开面板

（4）上下文选项卡。上下文选项卡是指使用某些工具或者选择图元时才会出现的针对这个命令或图元的选项卡。上下文选项卡中会显示与该工具或图元的上下文相关的工具，如图 1-13 所示。退出该工具或清除选择时，该选项卡将关闭。

图 1-13　上下文选项卡

1.3.5　"属性"选项板

"属性"选项板是一个无模式对话框，通过该对话框，可以查看和修改用来定义图元属性的参数。项目浏览器上方的浮动面板即为"属性"选项板。当选择某图元时，"属性"选项板会显示该图元的图元类型和属性参数等，如图 1-14 所示。

1. 图元类型选择器

"属性"选项板上面一行的预览框和类型名称即为图元类型选择器。用户可以单击右侧的下拉按钮 ，从列表中选择已有的合适的构件类型来直接替换现有类型，而不需要反复修改图元参数，如图 1-15 所示。

2. 属性过滤器

属性过滤器用来标识将由工具放置的图元类别，或者标识绘图区中所选图元的类别和数量。如果选择多个类别或类型，则"属性"选项板上仅显示所选类别或类型共有的实例属性。当选择多个类别时，使用过滤器的下拉列表可以仅查看特定类别或视图本身的属性。

图 1-14　"属性"选项板

3. "编辑类型"按钮

单击 按钮，打开相关的"类型属性"对话框，用户可以复制、重命名对象类型，并可以通过编辑其中的类型参数值来改变与当前选择图元同类型的所有图元的外观、尺寸等，如图 1-16 所示。

4. 实例属性

在大多数情况下，"属性"选项板中既显示可由用户编辑的实例属性，又显示只读实例属性。当某属性的值由软件自动计算或赋值，或者取决于其他属性的设置时，该属性可能是只读属性，不可编辑。

图 1-15 图元类型选择器下拉列表　　　　　图 1-16 "类型属性"对话框

1.3.6 项目浏览器

Revit 2021 将所有可访问的视图和图纸等都放置在项目浏览器中进行管理，使用项目浏览器可以方便地在各视图间切换。

项目浏览器用于组织和管理当前项目中的所有信息，包括视图、明细表、图纸、族、组和链接的 Revit 模型等项目资源。Revit 2021 按逻辑层次关系组织这些项目资源，展开和折叠各分支时，系统将显示下一层级的内容，如图 1-17 所示。

（1）打开视图。双击视图名称可以打开视图；也可以在视图名称上单击鼠标右键，打开图 1-18 所示的快捷菜单，单击"打开"命令，打开视图。

（2）打开放置了视图的图纸。在视图名称上单击鼠标右键，打开图 1-18 所示的快捷菜单，单击"打开图纸"命令，打开放置了视图的图纸。如果快捷菜单中的"打开图纸"命令不可用，则表明视图未放置在图纸上，或者视图是明细表或可放置在多个图纸上的图例视图。

（3）将视图添加到图纸中。将视图名称拖曳到图纸名称或绘图区中的图纸上，即可将该视图添加到图纸中。

（4）从图纸中删除视图。在图纸名称下的视图名称上单击鼠标右键，在打开的快捷菜单中单击"从图纸中删除"命令，删除视图。

（5）单击"视图"选项卡→"窗口"面板→"用户界面"按钮 ，打开图 1-19 所示的下拉列表，勾选"项目浏览器"复选框，可以显示项目浏览器。如果取消勾选"项目浏览器"复选框或单击项目浏览器顶部的"关闭"按钮 ✕，则可隐藏项目浏览器。

图 1-17　项目浏览器

图 1-18　快捷菜单

图 1-19　下拉列表

（6）拖曳项目浏览器的边框可以调整项目浏览器的大小。

（7）在绘图界面中拖曳项目浏览器时会显示一个轮廓，该轮廓指示项目浏览器将移动到的位置，松开鼠标，将项目浏览器放置到所需位置，还可以将项目浏览器从绘图界面拖曳到桌面。

1.3.7　视图控制栏

视图控制栏位于绘图区的底部，状态栏的上方，它可以快速访问影响当前视图的功能，如图 1-20 所示。

（1）比例。在图纸中用于表示对象的比例，用户可以为项目中的每个视图指定不同比例，也可以创建自定义视图比例。在比例上单击打开图 1-21 所示的比例列表，可以选择需要的比例；也可以选择"自定义"选项，打开"自定义比例"对话框，输入"比率"的值，如图 1-22 所示。

提示　不能将自定义视图比例应用于该项目中的其他视图。

（2）详细程度。可根据视图比例设置新建视图的详细程度，包括粗略、中等和精细 3 种程度。当在项目中创建新视图并设置其视图比例后，视图的详细程度将会自动根据表格中的排列进行设置。预定义详细程度，可以影响不同视图比例下同一几何图形的显示效果。

（3）视觉样式。可以为项目视图指定许多不同的图形样式，如图 1-23 所示。

● 线框：显示绘制了所有边和线而未绘制表面的模型图像。视图显示"线框"视觉样式时，可以将材质应用于选择的图元类型。这些材质不会显示在线框视图中，但是表面填充图案仍会显示，如图 1-24 所示。

- 隐藏线：显示绘制了除被表面遮挡部分以外的所有边和线的图像，如图 1-25 所示。

图 1-20　视图控制栏　　　　　　　　　　图 1-21　比例列表

图 1-22　"自定义比例"对话框　　　　　　图 1-23　视觉样式

图 1-24　"线框"视觉样式　　　　　　　　图 1-25　"隐藏线"视觉样式

- 着色：显示处于"着色"视觉样式下的图像，而且具有显示间接光及其阴影的选项，如图 1-26 所示。
- 一致的颜色：显示所有表面都按照表面材质颜色设置进行着色的图像。无论以何种方式将模型定向到光源，该视觉样式都会保持一致的着色颜色，使材质始终以相同的颜色显示，如图 1-27 所示。
- 真实：可在模型视图中即时显示真实材质外观。旋转模型时，其表面会显示在各种照明条件下呈现的外观，如图 1-28 所示。

提示　　　"真实"视觉样式不会显示人造灯光。

- 光线追踪：该视觉样式是一种照片级真实感渲染模式，它允许平移和缩放模型，如图 1-29 所示。

图 1-26　"着色"视觉样式

图 1-27　"一致的颜色"视觉样式

图 1-28　"真实"视觉样式

图 1-29　"光线追踪"视觉样式

（4）打开 / 关闭日光路径。控制日光路径可见性。在一个视图中打开或关闭日光路径时，其他视图不受影响。

（5）打开 / 关闭阴影。控制阴影的可见性。在一个视图中打开或关闭阴影时，其他视图不受影响。

（6）显示 / 隐藏渲染对话框。单击此按钮，打开"渲染"对话框，控制照明、曝光、分辨率、背景和图像质量，如图 1-30 所示。

（7）裁剪视图。定义项目视图的边界，可以在所有图形项目视图中显示模型裁剪区域和注释裁剪区域。

（8）显示 / 隐藏裁剪区域。可以根据需要显示或隐藏裁剪区域。在绘图区中选择裁剪区域，则会显示注释和模型裁剪。内部裁剪是模型裁剪，外部裁剪则是注释裁剪。

（9）解锁 / 锁定的三维视图。锁定三维视图的方向，以在视图中标记图元并添加注释记号。包括保存方向并锁定视图、恢复方向并锁定视图和解锁视图 3 个选项。

● 保存方向并锁定视图：将视图锁定在当前方向。在该模式中无法动态观察模型。

● 恢复方向并锁定视图：将已解锁的、旋转了方向的视图恢复到其原来锁定的方向。

● 解锁视图：解锁视图的当前方向，从而允许定位和动态观

图 1-30　"渲染"对话框

察三维视图。

（10）临时隐藏／隔离。"隐藏"工具可在视图中隐藏所选图元，"隔离"工具可在视图中显示所选图元并隐藏所有其他图元。

（11）显示隐藏的图元。临时查看隐藏的图元或将其取消隐藏。

（12）临时视图属性。包括启用临时视图属性、临时应用样板属性、最近使用的模板和恢复视图属性 4 个选项。

（13）显示／隐藏分析模型。可以在任何视图中显示分析模型。

（14）高亮显示位移集。单击此按钮，可以启用高亮显示模型中所有位移集的视图。

（15）显示约束。在视图中临时查看尺寸标注和对齐约束，以解决或修改模型中的图元。"显示约束"绘图区将显示一个彩色边框，以表示处于"显示约束"模式。所有约束都以彩色显示，而模型图元以半色调（灰色）显示。

1.3.8　状态栏

状态栏在屏幕的底部，它会提供有关要执行的操作的提示，如图 1-31 所示。高亮显示图元或构件时，状态栏会显示族和类型的名称。

图 1-31　状态栏

（1）工作集。显示处于活动状态的工作集。

（2）编辑请求。对于工作共享项目，表示未处理的编辑请求数。

（3）设计选项。显示处于活动状态的设计选项。

（4）仅活动项。用于过滤所选内容，以便仅选择活动的设计选项构件。

（5）选择链接。可在已链接的文件中选择链接和单个图元。

（6）选择基线图元。可在底图中选择图元。

（7）选择锁定图元。可选择锁定的图元。

（8）按面选择图元。可单击某个面来选中某个图元。

（9）选择时拖曳图元。不用先选择图元就可以通过拖曳操作移动图元。

（10）后台进程。显示在后台运行的进程列表。

（11）过滤。用于优化在视图中选择的图元类别。

1.3.9　ViewCube

ViewCube 默认在绘图区的右上方。通过 ViewCube 可以在标准视图和等轴测视图之间切换。

（1）单击 ViewCube 上的某个角，可以根据由模型的 3 个侧面定义的视图窗口将模型的当前视图重定向到 3/4 视图；单击其中一条边缘，可以根据模型的两个侧面将模型的视图重定向到 1/2 视图；单击相应面，可以将视图切换到相应的主视图。

（2）如果在某个面视图中查看模型时，ViewCube 处于活动状态，则 4 个正交三角形会显示在

ViewCube 附近。使用这些三角形可以切换到某个相邻的面视图。

（3）单击或拖曳 ViewCube 中指南针的东、南、西、北字样，可以切换到相应的方向视图，或者绕上视图旋转到任意方向视图。

（4）单击"主视图"按钮，不管目前是何种视图都会恢复为主视图。

（5）从某个面视图查看模型时，两个滚动箭头按钮会显示在 ViewCube 附近。单击按钮，视图以 90°逆时针或顺时针进行旋转。

（6）单击"关联菜单"按钮，打开图 1-32 所示的关联菜单。

- 转至主视图：恢复随模型一同保存的主视图。
- 保存视图：使用唯一的名称保存当前的视图方向。此选项只允许在查看默认三维视图时使用唯一的名称保存三维视图。如果查看的是以前保存的正交三维视图或透视（相机）三维视图，则视图仅以新方向保存，而且系统不会提示用户提供唯一名称。
- 锁定到选择项：当视图方向随 ViewCube 发生更改时，使用选定对象可以定义视图的中心。
- 透视 / 正交：在三维视图的平行和透视模式之间切换。
- 将当前视图设置为主视图：根据当前视图定义模型的主视图。
- 将视图设定为前视图：在 ViewCube 上更改定义为前视图的方向，并将三维视图定向到该方向。
- 重置为前视图：将模型的前视图重置为其默认方向。
- 显示指南针：显示或隐藏围绕 ViewCube 的指南针。
- 定向到视图：将三维视图设置为项目中的任何平面、立面、剖面或三维视图的方向。

图 1-32　关联菜单

- 确定方向：将相机定向到北、南、东、西、东北、西北、东南、西南或顶部。
- 定向到一个平面：将视图定向到指定的平面。

1.3.10　导航栏

Revit 2021 提供了多种视图导航工具，使用户可以对视图进行平移和缩放等操作。位于绘图区右侧并用于视图控制的导航栏是一种常用的工具集。在默认情况下，导航栏为 50% 透明显示，不会遮挡视图。它包括 SteeringWheels（控制盘）和缩放工具，如图 1-33 所示。

图 1-33　导航栏

1. SteeringWheels

SteeringWheels 中有多种控制盘，通过这些控制盘，用户可以在专门的导航工具之间快速切换。每一种控制盘都被分成不同的按钮。每个按钮都包含一个导航工具，用于重新定位模型的当前视图。SteeringWheels 包含图 1-34 所示几种形式的控制盘。

图 1-34　SteeringWheels

单击全导航控制盘右下角的"显示控制盘菜单"按钮 ⊙，打开图 1-35 所示的控制盘菜单，菜单中包含所有全导航控制盘的视图工具，单击"关闭控制盘"命令或单击控制盘上的"关闭"按钮 ×，可关闭控制盘。

全导航控制盘中的各个工具说明如下。

（1）平移。单击此按钮并按住鼠标左键不放，此时拖曳鼠标即可平移视图。

（2）缩放。单击此按钮并按住鼠标左键不放，系统将在鼠标指针位置放置一个绿色的球体，把当前鼠标指针位置作为缩放轴心。此时，拖曳鼠标即可缩放视图，且轴心随着鼠标指针的位置而变化。

（3）动态观察。单击此按钮并按住鼠标左键不放，此时在模型的中心位置将显示绿色轴心球体，拖曳鼠标即可围绕轴心点旋转模型。

（4）回放。利用该工具可以从导航历史记录中检索以前的视图，并可以快速恢复到以前的视图，还可以滚动浏览所有保存的视图。单击"回放"按钮并按住鼠标左键不放，此时向左侧移动鼠标即可滚动浏览以前的导航历史记录。若要恢复到以前的视图，只要在该视图记录上松开鼠标左键即可。

图 1-35　控制盘菜单

（5）中心。单击此按钮并按住鼠标左键不放，鼠标指针将变为一个球体，此时拖曳鼠标指针到某构件模型上，松开鼠标左键放置球体，即可将该球体所处位置作为模型的中心。

（6）环视。利用该工具可以沿垂直和水平方向旋转当前视图，旋转视图时，人的视线将围绕当前视点旋转。单击此按钮并按住鼠标左键拖曳，模型将围绕当前视图的位置旋转。

（7）向上/向下。利用该工具可以沿模型的 z 轴调整当前视点的高度。

（8）漫游。在透视图中单击该按钮并按住鼠标左键不放，此时拖动鼠标即可漫游。

2. 缩放工具

缩放工具包括区域放大、"缩小两倍"[①]、缩放匹配、缩放全部以匹配和缩放图纸大小等工具。

（1）区域放大。放大所选区域内的对象。

（2）"缩小两倍"。将视图窗口显示的内容缩小到原来的 1/4。

（3）缩放匹配。在当前视图窗口中自动缩放以显示所有对象。

（4）缩放全部以匹配。缩放视图窗口以显示所有对象的最大范围。

（5）缩放图纸大小。将视图自动缩放为实际打印大小。

（6）上一次平移 / 缩放。显示上一次平移或缩放结果。

（7）下一次平移 / 缩放。显示下一次平移或缩放结果。

1.3.11　绘图区

Revit 2021 绘图界面中的绘图区显示当前项目的视图、图纸和明细表，每次打开项目中的某一视图时，默认情况下，此视图会显示在绘图区中其他打开的视图的前面。虽然其他视图仍处于打开的状态，但是这些视图在当前视图后面。

绘图区的背景颜色默认为白色。

1.4　文件管理

1.4.1　新建文件

单击"文件"程序菜单→"新建"命令后的下拉按钮，打开"新建"菜单，如图 1-36 所示。该菜单用于创建项目文件、族文件、概念体量等。

下面以新建项目文件为例介绍新建文件的步骤。

（1）单击"文件"程序菜单→"新建"→"项目"命令，打开"新建项目"对话框，如图 1-37 所示。

图 1-36 "新建"菜单

图 1-37 "新建项目"对话框

（2）在"样板文件"下拉列表中选择样板。也可以单击"浏览"按钮，打开图 1-38 所示的"选

注①：此处指缩小至原来的1/2。

择样板"对话框，选择需要的样板，单击"打开"按钮，打开样板文件。

图 1-38　"选择样板"对话框

（3）选择"项目"选项，单击"确定"按钮，创建一个新项目文件。

提示　　　在 Revit 中，项目是整个建筑设计的联合文件。建筑的所有标准视图、建筑设计图以及明细表都包含在项目文件中，只要修改模型，所有相关的视图、施工图和明细表都会随之自动更新。

1.4.2　打开文件

单击"文件"程序菜单→"打开"命令后的下拉按钮，打开"打开"菜单，如图 1-39 所示，用于打开项目文件、族文件、IFC 文件、样例文件等。

图 1-39　"打开"菜单

（1）项目。单击此命令，打开"打开"对话框，在对话框中可以选择要打开的项目文件，如图 1-40 所示，该对话框中有以下 3 个复选框。

图 1-40　打开项目文件

- 核查：扫描、检测并修复模型中损坏的图元，勾选此复选框可能会大大增加打开模型所需的时间。
- 从中心分离：独立于中心模型而打开工作共享的本地模型。
- 新建本地文件：打开中心模型的本地副本。

（2）族。单击此命令，打开"新族 - 选择样板文件"对话框，在对话框中可以选择打开软件自带族库中的族文件，或用户自己创建的族文件，如图 1-41 所示。

图 1-41　打开族文件

（3）Revit 文件。单击此命令，打开"打开"对话框，在对话框中可以选择打开 Revit 所支持的文件，例如 .rvt、.rfa、.adsk 和 .rte 文件，如图 1-42 所示。

图 1-42　打开 Revit 文件

（4）建筑构件。单击此命令，打开"打开 ADSK 文件"对话框，在对话框中可以选择要打开的 Autodesk 交换文件，如图 1-43 所示。

图 1-43　打开 ADSK 文件

（5）IFC。单击此命令，打开"打开 IFC 文件"对话框，在对话框中可以选择打开 IFC 类型文件，如图 1-44 所示。IFC 文件含有建筑物或设施的模型，也包括空间的元素、材料和形状。IFC 文件通常用于 BIM 工业程序之间的交互。

（6）IFC 选项。单击此命令，打开"导入 IFC 选项"对话框，在对话框中可以设置 IFC 类型名称对应的 Revit 类别，如图 1-45 所示。此命令只有在打开 Revit 文件的状态下才可以使用。

图 1-44　打开 IFC 文件

图 1-45　导入 IFC 选项

（7）样例文件。单击此命令，打开"打开"对话框，在对话框中可以选择打开软件自带的样例项目文件和族文件，如图 1-46 所示。

图 1-46　打开样例文件

1.4.3　保存文件

单击"文件"程序菜单→"保存"命令，可以保存当前项目、族文件、样板文件等。若文件已命名，则 Revit 自动保存。若文件未命名，则系统打开"另存为"对话框，用户可以为文件命名并保存，如图 1-47 所示。在"保存于"下拉列表框中可以指定保存文件的路径；在"文件类型"下拉列表框中可以指定保存文件的类型。为了防止因意外操作或计算机系统故障导致正在绘制的图形文件丢失，可以对当前图形文件设置自动保存。

图 1-47　"另存为"对话框

单击"选项"按钮，打开图 1-48 所示的"文件保存选项"对话框，可以指定备份文件的最大数量以及与文件保存相关的其他设置。

"文件保存选项"对话框中的选项说明如下。

● 最大备份数：指定备份文件的最大数量。默认情况下，非工作共享项目有 3 个备份，工作共享项目最多有 20 个备份。

● 保存后将此作为中心模型：将当前已启用工作集的文件设置为中心模型。

● 压缩文件：在保存已启用工作集的文件时减小文件的大小。在正常保存时，Revit 仅将新图元和经过修改的图元写入现有文件。这可能会导致文件变得非常大，但会加快保存

图 1-48　"文件保存选项"对话框

的速度。压缩过程会将整个文件进行重写并删除旧的部分以节省空间。

● 打开默认工作集：中心模型在本地打开时所对应的工作集默认设置。从该下拉列表中，可以将一个工作共享文件保存为始终以"全部""可编辑""上次查看的""指定"选项之一为默认设置。用户修改该选项的唯一方式是勾选"文件保存选项"对话框中的"保存后将此作为中心模型"复选框，以重新保存新的中心模型。

● 缩略图预览：指定打开或保存项目时显示的预览图像。此选项的默认值为"活动视图 / 图纸"。Revit 只能从打开的视图创建预览图像。如果勾选"如果视图 / 图纸不是最新的，则将重生成。"复选框，则无论用户何时打开或保存项目，Revit 都会更新预览图像。

1.4.4　另存为文件

单击"文件"程序菜单→"另存为"命令后的下拉按钮，打开"另存为"菜单，如图 1-49 所示，可以将文件保存为云模型、项目、族、样板和库 5 种类型文件。

执行其中一种命令后，打开"另存为"对话框，如图 1-50 所示。Revit 用另存名保存文件，并将当前图形更名。

图 1-49　"另存为"菜单

图 1-50　"另存为"对话框

第 2 章
绘图环境设置

知识导引

　　用户可以根据自己的需要设置绘图环境，可以分别对系统、项目和图形进行设置，通过定义设置，使用样板来执行办公标准并提高效率。本章主要介绍系统设置、项目设置和图形设置的方法。

2.1　系统设置

"选项"对话框控制软件及其用户界面的各个方面。

单击"文件"程序菜单→"选项"按钮选项，打开"选项"对话框，如图 2-1 所示。

图 2-1　"选项"对话框

2.1.1　"常规"设置

在"常规"选项卡中可以设置"通知""用户名"和"日志文件清理"等参数。

1. "通知"选项组

Revit 不能自动保存文件，可以通过"通知"选项组设置用户建立项目文件或族文件保存文档的提醒时间。在"保存提醒间隔"下拉列表中选择保存提醒时间，最少是 15 分钟。

2. "用户名"选项组

Revit 首次在工作站中运行时，使用 Windows 登录名作为默认用户名。在以后的设计中可以修改和保存用户名。如果需要使用其他用户名，以便在某个用户不可用时放弃该用户的图元，则需要先注销 Autodesk 账户，然后在"用户名"选项组中输入另一个用户的 Autodesk 用户名。

3. "日志文件清理"选项组

日志文件是记录 Revit 任务中每个步骤的文本文档。这些文件主要用于软件支持进程。要检测问题或重新创建丢失的步骤或文件时，可运行日志文件。设置要保留的日志文件数量和要保留的天数后，系统会自动进行清理，并始终保留设定数量的日志文件，后面产生的新日志文件会自动覆盖前面的日志文件。

4. "工作共享更新频率"选项组

工作共享是一种设计方法，此方法允许多名团队成员同时处理同一项目模型。拖曳对话框中的滑块，可以设置工作共享的更新频率。

5. "视图选项"选项组

对于不存在默认视图样板，或存在视图样板但未指定视图规程的视图，需要指定其默认规程，系统提供了 6 种视图规程，如图 2-2 所示。

图 2-2 视图规程

2.1.2 "用户界面"设置

"用户界面"选项卡用来设置用户界面，包括功能区的设置、快捷键的设置、选项卡的切换和活动主题的设置等，如图 2-3 所示。

图 2-3 "用户界面"选项卡

1. "配置"选项组

（1）工具和分析。可以通过勾选或取消勾选"工具和分析"列表中的复选框，控制用户界面功能区中选项卡的显示和关闭。例如，取消勾选"'建筑'选项卡和工具"复选框，单击"确定"按钮后，功能区中"建筑"选项卡不再显示，如图 2-4 所示。

原始

取消勾选"'建筑'选项卡和工具"复选框

不显示"建筑"选项卡

图 2-4　选项卡的关闭

（2）快捷键。用于设置命令的快捷键。单击"自定义"按钮，打开"快捷键"对话框，如图 2-5 所示。也可以单击"视图"选项卡→"用户界面"下拉列表→"快捷键"按钮，如图 2-6 所示，打开"快捷键"对话框。

图 2-5　"快捷键"对话框

图 2-6　"用户界面"下拉列表

要设置快捷键时，先搜索要设置快捷键的命令，或者在列表中选择要设置快捷键的命令，然后在"按新键"文本框中输入快捷键,单击"指定"按钮 ,添加快捷键。

> **提示** Revit 快捷键与 AutoCAD 快捷键不同,AutoCAD 快捷键是单个字母,一般是命令的英文首字母,但是 Revit 快捷键只能是两个字母。Revit 与 AutoCAD 稍有不同的是,AutoCAD 中按 Enter 键或者 Space 键都能重复上个命令,但 Revit 中重复上个命令只能按 Enter 键,按 Space 键不能重复上个命令。

(3)双击选项。指定用于进入族、绘制的图元、部件、组等类型的编辑模式的双击动作。单击"自定义"按钮,打开图 2-7 所示的"自定义双击设置"对话框,选择图元类型,然后在对应的双击操作栏中单击,右侧会出现下拉按钮。在打开的下拉列表中选择对应的双击操作,单击"确定"按钮,完成双击设置。

(4)工具提示助理。工具提示提供有关用户界面中某个工具或绘图区中某个项目的信息,或者在工具使用过程中提供下一步操作的说明。将鼠标指针停留在功能区的某个工具按钮之上时,默认情况下,Revit 会显示工具提示。工具提示提供该工具的简要说明。如果鼠标指针在该功能区工具按钮上再停留片刻,则会显示附加的信息(如果有),如图 2-8 所示。系统提供了"无""最小""标准"和"高"4 种类型的工具提示。

图 2-7 "自定义双击设置"对话框

图 2-8 工具提示

① 无。关闭功能区工具提示和绘图区中的工具提示,使它们不再显示。

② 最小。只显示简要的说明,而隐藏其他信息。

③ 标准。"标准"为默认选项。当鼠标指针移动到工具按钮上时,显示简要的说明。如果鼠标指针再停留片刻,则接着显示更多信息。

④ 高。同时显示有关工具的简要说明和更多信息(如果有),没有时间延迟。

(5)在家时启用最近使用的文件列表。在启动 Revit 时显示"最近使用的文件"页面。该页面列出用户最近处理过的项目和族的列表,还提供对联机帮助和视频的访问,使用户随时随地都可以查看最近使用的文件。

2."功能区选项卡切换行为"选项组

用来设置上下文选项卡在功能区中的行为。

（1）清除选择或退出后。为"项目环境"或"族编辑器"指定所需的行为。列表中包括"返回到上一个选项卡"和"停留在'修改'选项卡"选项。

① 返回到上一个选项卡。在取消选择图元或者退出工具之后，Revit 显示上一次出现的选项卡。

② 停留在"修改"选项卡。在取消选择图元或者退出工具之后，仍停留在"修改"选项卡。

（2）选择时显示上下文选项卡。勾选此复选框，当激活某些工具或者编辑图元时，会自动增加并切换到"修改|××"选项卡，如图 2-9 所示。其中包含一组只与该工具或图元的上下文相关的工具按钮。

图 2-9 "修改|××"选项卡

3."视觉体验"选项组

（1）活动主题。用于设置 Revit 用户界面的视觉效果，包括"亮"和"暗"两种，如图 2-10 所示。

亮

暗

图 2-10 活动主题

（2）使用硬件图形加速（如果有）。通过使用可用的硬件，提高渲染 Revit 用户界面时的性能。

2.1.3 "图形"设置

"图形"选项卡主要用于控制图形和文字在绘图区域中的显示，如图 2-11 所示。

1."视图导航性能"选项组

（1）重绘期间允许导航（需要重新打开模型）。可以在二维或三维视图中导航模型（平移、缩放和动态观察视图），而无须再等待软件完成图元绘制。软件会中断视图中模型图元的绘制，从而可以更快和更平滑地导航。在大型模型的导航视图中使用该选项可以改进性能。

（2）在视图导航期间简化显示。通过减少显示的细节并暂停某些图形效果，提供导航视图（平移、动态观察和缩放）时的性能。

图 2-11　"图形"选项卡

2. "图形模式"选项组

勾选"使用反走样平滑线条"复选框，可以提高视图中的线条质量，使边看起来更平滑。如果要在使用反走样时体验最佳性能，则在"硬件"选项卡中勾选"使用硬件加速"复选框，启用硬件加速。如果没有启用硬件加速，并使用反走样，则在缩放、平移和操纵视图时的性能会降低。

3. "颜色"选项组

（1）背景。更改绘图区中背景和图元的颜色。单击颜色按钮，打开图 2-12 所示的"颜色"对话框，可以指定新的背景颜色。系统会自动根据背景色调整图元颜色，例如，较暗的背景色将导致图元显示为白色，如图 2-13 所示。

图 2-12　"颜色"对话框

浅背景　　　　　深背景

图 2-13　背景色和图元颜色

（2）选择。用于显示绘图区域中选择图元的颜色，如图 2-14 所示。单击颜色按钮可在"颜色"对话框中指定新的颜色。勾选"半透明"复选框，可以查看选择图元下面的图元。

（3）预先选择。设置在将鼠标指针移动到绘图区中的图元上时，用于显示高亮显示的图元的颜色，如图 2-15 所示。单击颜色按钮可在"颜色"对话框中指定高亮显示的颜色。

（4）警告。设置在出现警告或错误时图元的颜色，如图 2-16 所示。单击颜色按钮可在"颜色"对话框中指定新的警告颜色。

图 2-14　选择图元的颜色　　　图 2-15　高亮显示　　　图 2-16　警告颜色

（5）正在计算。设置正在计算图元的颜色。

（6）钢筋编辑。设置在对钢筋进行编辑时钢筋图元的颜色。

4."临时尺寸标注文字外观"选项组

（1）大小。用于设置临时尺寸标注中文字的字体大小，如图 2-17 所示。

文字大小为 8　　　　　　　　文字大小为 12

图 2-17　字体大小

（2）背景。用于指定临时尺寸标注中的文字背景为透明或不透明，如图 2-18 所示。

透明　　　　　　　　　　不透明

图 2-18　设置文字背景

2.1.4　"硬件"设置

"硬件"选项卡用来设置硬件加速，如图 2-19 所示。

（1）使用硬件加速 (Direct 3D)。勾选此复选框，Revit 会使用系统的图形卡来渲染模型的视图。

（2）仅绘制可见图元。勾选此复选框仅生成和绘制每个视图中可见的图元（也称为阻挡消隐）。Revit 不会尝试渲染在导航时视图中隐藏的任何图元（例如墙后的楼梯），从而提高性能。

图 2-19 "硬件"选项卡

2.1.5 "文件位置"设置

"文件位置"选项卡用来设置 Revit 文件和目录的路径，如图 2-20 所示。

图 2-20 "文件位置"选项卡

（1）项目模板。指定在创建新模型时要在"最近使用的文件"窗口和"新建项目"对话框中列出的样板文件。

（2）用户文件默认路径。指定 Revit 保存当前文件的默认路径。

（3）族样板文件默认路径。指定样板和库的路径。

（4）点云根路径。指定点云文件的根路径。

（5）放置。添加公司专用的第二个库。单击"放置"按钮，打开图 2-21 所示的"放置"对话框，可在其中添加或删除库名称和库路径。

图 2-21　"放置"对话框

2.1.6　"渲染"设置

"渲染"选项卡用于设置在渲染三维模型时如何访问要使用的图像的信息，如图 2-22 所示。在此选项卡中可以指定用于渲染外观的文件路径以及贴花的文件路径。单击"添加值"按钮➕，输入路径，或单击▦按钮[①]，打开"浏览器文件夹"对话框设置路径。选择列表中的路径，单击"删除值"按钮➖，可以删除路径。

图 2-22　"渲染"选项卡

注①：在Revit 2021中，▦按钮一般在点击相关选项栏后即可触发。如图2-22中，点 ➕ 按钮后右侧会出现空白选项栏，单击空白选项栏后即出现▦按钮。

2.1.7　"检查拼写"设置

"检查拼写"选项卡用于输入文字时的语法设置，如图 2-23 所示。

图 2-23　"检查拼写"选项卡

（1）设置。勾选或取消勾选相应的复选框，可以指示拼写检查工具是否应忽略特定单词或查找重复单词。

（2）恢复默认值。单击此按钮，可以恢复到安装软件时的默认设置。

（3）主字典。在列表中选择所需的字典。

（4）其他词典。指定用于定义拼写检查工具可能会忽略的自定义单词和建筑行业术语的词典文件的位置。

2.1.8　"SteeringWheels"设置

"SteeringWheels"选项卡用来设置 SteeringWheels 视图导航工具的选项，如图 2-24 所示。

1. "文字可见性"选项组

（1）显示工具消息 (始终对基本控制盘启用)。显示或隐藏工具消息，如图 2-25 所示。不管如何设置，基本控制盘工具的消息始终会显示。

图 2-24　"SteeringWheels"选项卡

（2）显示工具提示（始终对基本控制盘启用）。显示或隐藏工具提示，如图 2-26 所示。

图 2-25　显示工具消息　　　图 2-26　显示工具提示

（3）显示工具光标文字（始终对基本控制盘启用）。当工具处于活动状态时，显示或隐藏光标文字。

2."大控制盘外观"/"小控制盘外观"选项组

（1）尺寸。用来设置大 / 小控制盘的尺寸，包括"大""中""小"3 种尺寸。

（2）不透明度。用来设置大 / 小控制盘的不透明度，可以在其下拉列表中选择不透明度值。

3."环视工具行为"选项组

反转垂直轴（将鼠标拉回进行查阅）。勾选此复选框，可以反转环视工具的向上或向下查找操作。

4."漫游工具"选项组

（1）将平行移动到地平面。使用"漫游"工具漫游模型时，勾选此复选框，可将移动角度约束到地平面。取消勾选此复选框，漫游角度将不受约束，沿查看的方向"飞行"，即可沿任何方向或角度在模型中漫游。

（2）速度系数。使用"漫游"工具漫游模型或在模型中"飞行"时，可以控制移动速度。移动速度由鼠标指针从"中心圆"图标移动的距离控制。拖曳滑块可以调整速度系数，也可以直接在文本框中输入数值。

5."缩放工具"选项组

单击一次鼠标放大一个增量(始终对基本控制盘启用)。勾选此复选框，允许通过单次单击缩放视图。

6."动态观察工具"选项组

保持场景正立。勾选此复选框，可以使视图的边垂直于地平面；取消勾选此复选框，可以按360°旋转动态观察模型，此功能在编辑一个族时很有用。

2.1.9 "ViewCube"设置

"ViewCube"选项卡用于设置 ViewCube 导航工具，如图 2-27 所示。

图 2-27 "ViewCube"选项卡

1. "ViewCube 外观"选项组

（1）显示 ViewCube。在三维视图中显示或隐藏 ViewCube。

（2）显示位置。指定在全部三维视图或仅活动视图中显示 ViewCube。

（3）屏幕位置。指定 ViewCube 在绘图区中的位置，如"右上""右下""左下"和"左上"。

（4）ViewCube 大小。指定 ViewCube 的大小，包括"自动""微型""小""中"和"大"。

（5）不活动时的不透明度。指定未使用 ViewCube 时的不透明度。如果设置为 0%，则需要将鼠标指针移至 ViewCube 位置上方，否则 ViewCube 不会显示在绘图区中。

2. "拖曳 ViewCube 时"选项组

捕捉到最近的视图。勾选此复选框，将捕捉到最近的 ViewCube 的视图方向。

3. "在 ViewCube 上单击时"选项组

（1）视图更改时布满视图。勾选此复选框，在绘图区中选择图元或构件，并在 ViewCube 上单击，则视图将相应地进行旋转和缩放，以匹配绘图区中的该图元。

（2）切换视图时使用动画转场。勾选此复选框，可以在切换视图方向时显示动画操作。

（3）保持场景正立。勾选此复选框，可以使 ViewCube 和视图的边垂直于地平面。取消勾选此复选框，可以按 360°动态观察模型。

4. "指南针"选项组

同时显示指南针和 ViewCube(仅当前项目)。勾选此复选框，可以在显示 ViewCube 的同时显示指南针。

2.1.10　"宏"设置

"宏"选项卡用于设置创建自动化重复任务的宏的安全性，如图 2-28 所示。

图 2-28　"宏"选项卡

1."应用程序宏安全性设置"选项组

（1）启用应用程序宏。选择此单选项，可以打开应用程序宏。

（2）禁用应用程序宏。选择此单选项，可以关闭应用程序宏，虽然仍然可以查看、编辑和构建代码，但是修改后不会改变当前模块的状态。

2."文档宏安全性设置"选项组

（1）启用文档宏前询问。系统默认选择此单选项，如果在打开项目时存在宏，则系统会提示启用宏，用户可以选择在检测到宏时启用宏。

（2）禁用文档宏。选择此单选项，可以在打开项目时关闭文档宏，虽然仍然可以查看、编辑和构建代码，但是修改后不会改变当前模块的状态。

（3）启用文档宏。选择此单选项，可以打开文档宏。

2.2 项目设置

项目设置指定用于自定义项目的选项，包括项目单位、材质、填充样式、线样式等。

2.2.1 对象样式

可为项目中不同类别和子类别的模型图元、注释图元和导入对象指定线宽、线颜色、线型图案和材质，具体操作步骤如下。

（1）单击"管理"选项卡→"设置"面板→"对象样式"按钮 ，打开"对象样式"对话框，如图 2-29 所示。

图 2-29 "对象样式"对话框

（2）在各类别对应的线宽栏中指定投影和截面的线宽度，例如在"投影"栏中单击，打开图2-30 所示的线宽列表，选择所需的线宽即可。

（3）在"线颜色"列表对应的栏中单击颜色块，打开"颜色"对话框，可以选择所需的颜色。

（4）单击对应的"线型图案"栏，打开图2-31 所示的线型列表，可以选择所需的线型。

图 2-30　线宽列表

图 2-31　线型列表

（5）单击对应的"材质"栏中的按钮，打开"材质浏览器"对话框，在对话框中可以选择族类别的材质，还可以通过修改族的材质类型属性来替换族的材质。

2.2.2　捕捉

在放置图元或绘制线（直线、弧线或圆形线）时，Revit 将显示捕捉点和捕捉线，以帮助现有的几何图形排列图元、构件或线。

单击"管理"选项卡→"设置"面板→"捕捉"按钮，打开"捕捉"对话框，如图2-32 所示。可以通过该对话框设置捕捉对象以及捕捉增量，对话框中还列出了对象捕捉的快捷键。

图 2-32　"捕捉"对话框

（1）关闭捕捉。勾选此复选框，可以禁用所有的捕捉设置。

（2）长度标注捕捉增量。勾选此复选框，可以在由远到近放大视图时，对基于长度的尺寸标注指定捕捉增量。对于每个捕捉增量集，用分号分隔输入的数值。第一个列出的增量会在缩小时使用，最后一个列出的增量会在放大时使用。

（3）角度尺寸标注捕捉增量。勾选此复选框，可以在由远到近放大视图时，对角度标注指定捕捉增量。

（4）对象捕捉。分别勾选该选项组中的复选框可以启动对应的对象捕捉类型。单击"选择全部"按钮，可以勾选全部的对象捕捉类型；单击"放弃全部"按钮，可以取消勾选全部对象捕捉类型。每个捕捉对象后面对应的是快捷键。

2.2.3　项目信息

项目信息包括项目名称、状态、地址和其他信息。项目信息包含在明细表中，该明细表包含链接模型中的图元信息。项目信息还可以用在图纸上的标题栏中。

单击"管理"选项卡→"设置"面板→"项目信息"按钮，打开"项目信息"对话框，如图 2-33 所示。通过此对话框可以指定项目的组织名称、组织描述、建筑名称、项目发布日期、项目状态、项目名称等项目信息。

图 2-33　"项目信息"对话框

2.2.4　项目参数

项目参数是定义后添加到项目多类别图元中的信息容器，具体操作步骤如下。

（1）单击"管理"选项卡→"设置"面板→"项目参数"按钮，打开"项目参数"对话框，如图 2-34 所示。

（2）单击"添加"按钮，打开图 2-35 所示的"参数属性"对话框。选择"项目参数"单选项，输入项目参数名称，例如面积，然后选择"规程""参数类型"和"参数分组方式"等，单击"确定"按钮，返回"项目参数"对话框。

（3）新建的项目参数添加到"项目参数"对话框中。

（4）选择参数，单击"修改"按钮，打开"参数属性"对话框，可以在对话框中对所选参数的属性进行修改。

（5）选择不需要的参数，单击"删除"按钮，打开图 2-36所示的"删除参数"提示对话框，提示删除选择的参数将会丢失与之关联的所有数据。

图 2-34 "项目参数"对话框

图 2-35 "参数属性"对话框

图 2-36 "删除参数"提示对话框

2.2.5 全局参数

设置全局参数的具体步骤如下。

（1）单击"管理"选项卡→"设置"面板→"全局参数"按钮，打开"全局参数"对话框，如图 2-37 所示。

"全局参数"对话框中的选项说明如下。

● 编辑全局参数 🖉：单击此按钮，可以打开"全局参数属性"对话框，更改参数的属性。

● 新建全局参数 📋：单击此按钮，可以打开"全局参数属性"对话框，新建一个全局参数。

● 删除全局参数 📋：单击此按钮，可以删除选择的全局参数。如果要删除的参数同时用于另一个参数的公式中，则该公式也将被删除。

● 上移全局参数 📳：将选择的参数上移一行。

● 下移全局参数 📳：将选择的参数下移一行。

● 按升序排序全局参数 📳：参数列表按字母顺序升序排序。

● 按降序排序全局参数 📳：参数列表按字母顺序降序排序。

图 2-37 "全局参数"对话框

（2）单击"新建全局参数"按钮 📋，打开"全局参数属性"对话框，可以设置参数"名称""规程""参数类型"和"参数分组方式"，单击"确定"按钮，如图 2-38 所示。

（3）返回"全局参数"对话框，设置参数对应的值和公式，如图 2-39 所示。

图 2-38 "全局参数属性"对话框

图 2-39 设置全局参数

2.2.6 项目单位

项目单位可以指定项目中各种数量的显示格式，指定的格式将影响数量在屏幕上显示和打印输出的外观。在 Revit 中，可以对用于报告或演示目的的数据进行格式设置，具体操作步骤如下。

（1）单击"管理"选项卡→"设置"面板→"项目单位"按钮 🔲，打开"项目单位"对话框，如图 2-40 所示。

（2）在对话框中选择一种"规程"。

（3）单击"格式"栏中的值按钮，打开图 2-41 所示的"格式"对话框，在该对话框中可以设置各种类型的单位格式。

图 2-40　"项目单位"对话框

图 2-41　"格式"对话框

"格式"对话框中的选项说明如下。

● 单位：在此下拉列表中选择对应的单位。本书在进行实例操作时，默认长度单位为毫米。[①]

● 舍入：在此下拉列表中选择一个合适的值，如果选择"自定义"选项，则需要在"舍入增量"文本框中输入自定义的值。

● 单位符号：在此下拉列表中选择适合的选项作为单位的符号。

● 消除后续零：勾选此复选框，将不显示后续零，例如，123.400 将显示为 123.4。

● 消除零英尺：勾选此复选框，将不显示零英尺，例如 0'-4"将显示为 4"。

● 正值显示"+"：勾选此复选框，将在正数前面添加"+"号。

● 使用数位分组：勾选此复选框，"项目单位"对话框中的"小数点 / 数位分组"选项将应用于单位值。

● 消除空格：勾选此复选框，将消除英尺和分式英寸两侧的空格。

（4）单击"确定"按钮，完成项目单位的设置。

2.2.7　材质

将材质应用到建筑模型的图元中，材质控制模型图元在视图和渲染图像中的显示方式，如图 2-42 所示。

单击"管理"选项卡→"设置"面板→"材质"按钮▦，打开"材质浏览器"对话框，如图 2-43 所示。"材质浏览器"对话框中的选项说明如下。

1."图形"选项卡

（1）在"材质浏览器"对话框中选择要更改的材质，然后单击"图形"选项卡。

注①：在操作 Revit 软件时，如果输入具体数值，一般默认无须输入单位符号。为避免读者误解，本书输入的内容与具体操作保持一致。

图 2-42　不同的材质

图 2-43　"材质浏览器"对话框

（2）勾选"使用渲染外观"复选框，将使用渲染外观表示着色视图中的材质。单击"颜色"文本框，打开"颜色"对话框，选择着色的颜色。设置"透明度"时可以直接输入值，也可以拖曳滑块到所需的位置。

（3）单击"表面填充图案"下"图案"列表，打开图 2-44 所示的"填充样式"对话框，在列表中选择一种填充图案。单击"颜色"文本框，打开"颜色"对话框，选择用于绘制表面填充图案的颜色。单击"纹理对齐"按钮 纹理对齐... ，打开"将渲染外观与表面填充图案对齐"对话框，将外观纹理与材质的表面填充图案对齐。

（4）单击"截面填充图案"下"图案"列表，打开图 2-44 所示的"填充样式"对话框，在列表中选择一种填充图案作为截面的填充图案。单击"颜色"文本框，打开"颜色"对话框，选择用于绘制截面填充图案的颜色。

图 2-44　"填充样式"对话框

（5）单击"应用"按钮，保存对材质图形属性的更改。

2. "外观"选项卡

（1）在"材质浏览器"对话框中选择要更改的材质，然后单击"外观"选项卡，如图 2-45 所示。

图 2-45　"外观"选项卡

（2）单击样例图像旁边的下拉按钮▼，单击"场景"选项，然后从列表中选择所需设置，如图 2-46 所示。该预览是材质的渲染图像。Revit 渲染预览场景时，更新预览需要花费一段时间。

（3）分别设置墙漆的"颜色""饰面"和"应用"来更改外观属性。

（4）单击"应用"按钮，保存对材质外观属性的更改。

3."物理"选项卡

（1）在"材质浏览器"对话框中选择要更改的材质，然后单击"物理"选项卡，如图 2-47 所示。如果选择的材质没有"物理"选项卡，表示物理资源尚未添加到此材质中。

（2）单击属性类别左侧的三角形▶以显示属性及其设置。

（3）更改其"信息""密度"等为所需的值。

（4）单击"应用"按钮，保存对材质物理属性的更改。

图 2-46　设置样例图像

图 2-47　"物理"选项卡

4."热度"选项卡

（1）在"材质浏览器"对话框中选择要更改的材质，然后单击"热度"选项卡，如图 2-48 所示。如果选择的材质没有"热度"选项卡，表示热度资源尚未添加到此材质中。

（2）单击属性类别左侧的三角形▶以显示属性及其设置。

（3）更改材质的"比热""密度""发射率"和"渗透性"等热度特性。

（4）单击"应用"按钮，保存对材质热度属性的更改。

5."标识"选项卡

此选项卡提供有关材质的常规信息，如说明、制造商和成本数据。

（1）在"材质浏览器"对话框中选择要更改的材质，然后单击"标识"选项卡，如图 2-49 所示。

图 2-48 "热度"选项卡

图 2-49 "标识"选项卡

（2）更改材质的"说明信息""产品信息"以及"Revit 注释信息"。

（3）单击"应用"按钮，保存对材质标识属性的更改。

2.3 图形设置

本节介绍图形显示设置、视图样板、可见性 / 图形、过滤器、线处理、显示隐藏线和剖切面轮廓等。

2.3.1 图形显示设置

单击"视图"选项卡→"图形"面板→"图形显示选项"按钮，打开"图形显示选项"对话框，如图 2-50 所示。

1."模型显示"选项组

● 样式：设置视图的视觉样式，包括线框、隐藏线、着色、一致的颜色和真实 5 种视觉样式。

✓ 显示边缘：勾选此复选框，可以在视图中显示边缘的线。

✓ 使用反失真平滑线条：勾选此复选框，可以提高视图中线的质量，使边显示更平滑。

● 透明度：拖曳滑块可以更改模型的透明度，也可以直接输入值。

● 轮廓：从下拉列表中选择线样式为轮廓线。

2."阴影"选项组

勾选"投射阴影"或"显示环境阴影"复选框，可以管理视图中的阴影。

3."勾绘线"选项组

● 启用勾绘线：勾选此复选框，可以启用当前视图的勾绘线。

● 抖动：可以拖曳滑块更改绘制线中的可变性程度，也可以直接输入 0 至 10 的数字。值为 0 时，将导致直线不具有手绘图形样式；值为 10 时，将导致每个模型线都具有包含高坡度的多个绘制线。

● 延伸：可以拖曳滑块更改模型线端点延伸超越交点的距离，也可以直接输入 0 至 10 的数字。值为 0 时，将导致线与交点相交；值为 10 时，将导致线延伸到交点的范围之外。

4."深度提示"选项组

● 显示深度：勾选此复选框，可以启用当前视图的深度提示。

● 淡入开始 / 结束位置：拖曳双滑块可以指定开始和结束控件的渐变色效果边界。"近"和"远"值代表距离前 / 后视图剪裁平面百分比。

● 淡出限值：拖曳滑块指定"远"位置图元的强度。

5."照明"选项组

● 方案：从室内和室外日光以及人造灯光组合中选择方案。

● 日光设置：单击此按钮，打开"日光设置"对话框，在为重要日期和时间预定义的日光设置中进行选择。

● 人造灯光：在"真实"视图中提供，当"方案"设置为人造光时，需要添加和编辑灯光组。

● 日光：可以拖曳滑块调整直接光的亮度，也可以直接输入 0 至 100 的数字。

● 环境光：可以拖曳滑块调整漫射光的亮度，也可以直接输入 0 至 100 的数字。在着色视觉

图 2-50 "图形显示选项"对话框

样式、立面、图纸和剖面中可用。

- 阴影：可以拖曳滑块调整阴影的暗度，也可以直接输入 0 至 100 的数字。

6. "摄影曝光"选项组

- 曝光：手动或自动调整曝光度。
- 值：根据需要在 0 至 21 之间拖曳滑块调整曝光值。接近 0 的值会减少高光细节（曝光过度），接近 21 的值会减少阴影细节（曝光不足）。
- 图像：调整高光、阴影强度、颜色饱和度及白点值。

7. "另存为视图样板"按钮

单击此按钮，打开"新视图样板"对话框，输入名称，单击"确定"按钮，打开"视图样板"对话框，设置样板以备将来使用。

2.3.2 视图样板

1. 管理视图样板

单击"视图"选项卡→"图形"面板→"视图样板" 下拉列表→"管理视图样板"按钮 ，打开图 2-51 所示的"视图样板"对话框。

图 2-51 "视图样板"对话框

"视图样板"对话框中的选项说明如下。

- 视图比例：在对应的值文本框中单击，打开下拉列表选择视图比例，也可以直接输入比例值。
- 比例值 1：指定来自视图比例的值。例如，如果视图比例设置为 1∶100，则比例值为长宽比 100/1 或 100。
- 显示模型：在详图视图中隐藏模型，包括"标准""不显示"和"半色调"3 种方式。
    - ✓ 标准：设置显示所有图元。该值适用于所有非详图视图。
    - ✓ 不显示：设置只显示详图视图专有图元，这些图元包括线、区域、尺寸标注、文字和符号。
    - ✓ 半色调：设置通常显示详图视图特定的所有图元，而模型图元以半色调显示。可以使用半色调模型图元作为线、尺寸标注和对齐的追踪参照。

- 详细程度：设置视图显示的详细程度，包括"粗略""中等"和"精细"3 种。也可以直接在视图控制栏中更改详细程度。
- 零件可见性：指定是否在特定视图中显示零件以及创建它们的图元，包括"显示零件""显示原状态"和"显示两者"3 种。
  - ✓ 显示零件：各个零件在视图中可见，当鼠标指针移动到这些零件上时，它们将高亮显示。从中创建零件的原始图元不可见且无法高亮显示或选择。
  - ✓ 显示原状态：各个零件不可见，但用来创建零件的图元可见并且可以选择。
  - ✓ 显示两者：零件和原始图元均可见，并能够单独高亮显示和选择。
- V/G 替换模型（注释 / 分析模型 / 导入 / 过滤器）：分别定义模型、注释、分析模型、导入类别、过滤器的可见性 / 图形替换。单击"编辑"按钮，打开"可见性 / 图形替换"对话框进行设置。
- 模型显示：定义表面（视觉样式，如线框、隐藏线等）、透明度和轮廓的模型显示选项。单击"编辑"按钮，打开"图形显示选项"对话框来进行设置。
- 阴影：设置视图中的阴影。
- 勾绘线：设置视图中的勾绘线。
- 深度提示：定义立面和剖面视图中的深度提示。
- 照明：定义照明设置，包括"照明方法""日光设置""人造灯光和日光梁""环境光"和"阴影"。
- 摄影曝光：设置曝光参数来渲染图像，在三维视图中适用。
- 背景：指定图形的背景，包括"天空""渐变色"和"图像"3 种，在三维视图中适用。
- 远剪裁：对于立面和剖面图形，指定远剪裁平面设置。单击对应的"不剪裁"按钮，打开图 2-52 所示的"远剪裁"对话框，可以设置剪裁的方式。
- 阶段过滤器：将阶段属性应用于视图中。
- 规程：确定非承重墙的可见性和规程特定的注释符号。
- 显示隐藏线：设置隐藏线是按照规程、全部显示还是不显示。
- 颜色方案位置：指定是否将颜色方案应用于背景或前景。
- 颜色方案：指定应用到视图中的房间、面积、空间或分区的颜色方案。

2. 从当前视图创建样板

可通过复制现有的视图样板并进行必要的修改来创建新的视图样板，具体操作步骤如下。

（1）打开一个项目文件，在项目浏览器中，选择要从中创建视图样板的视图。

（2）单击"视图"选项卡→"图形"面板→"视图样板"下拉列表→"从当前视图创建样板"按钮，打开"新视图样板"对话框，输入名称"新样板"，如图 2-53 所示。

图 2-52 "远剪裁"对话框

图 2-53 "新视图样板"对话框

（3）单击"确定"按钮，打开"视图样板"对话框，为新建的样板设置属性值。

（4）设置完成后，单击"确定"按钮，完成新样板的创建。

3. 将样板属性应用于当前视图

将视图样板应用到当前视图时，视图样板属性会立即影响当前视图。但是，以后对视图样板所做的修改不会影响该视图。具体操作步骤如下。

（1）打开一个项目文件，在项目浏览器中，选择要应用视图样板的视图。

（2）单击"视图"选项卡→"图形"面板→"视图样板" 下拉列表→"将样板属性应用于当前视图"按钮，打开"应用视图样板"对话框，如图 2-54 所示。

（3）在"名称"列表中选择要应用的视图样板，还可以根据需要修改视图样板。

（4）单击"确定"按钮，视图样板的属性将应用于选择的视图。

图 2-54　"应用视图样板"对话框

2.3.3　可见性/图形

下面介绍如何控制项目中各个视图的模型图元、基准图元和视图专有图元的可见性和图形显示。

单击"视图"选项卡→"图形"面板→"可见性/图形"按钮，打开对象的"可见性/图形替换"对话框，如图 2-55 所示。

对话框中的选项卡可将类别逻辑分组为"模型类别""注释类别""分析模型类别""导入的类别""过滤器"。每个选项卡下的类别表可按规程进一步过滤为"建筑""结构""机械""电气""管道""基础设施"。在相应选项卡的"可见性"栏中取消勾选对应的复选框，可以使其在视图中不显示。

2.3.4　过滤器

若要基于参数值控制视图中图元的可见性或图形显示，则需要创建可基于类别参数定义规则的过滤器，具体操作步骤如下。

图 2-55　"可见性 / 图形替换"对话框

（1）单击"视图"选项卡→"图形"面板→"过滤器"按钮 ，打开"过滤器"对话框，如图 2-56
所示。对话框中按字母顺序列出了过滤器，并按基于规则和基于选择的树状结构给过滤器排序。

图 2-56　"过滤器"对话框

（2）单击"新建"按钮 ，打开图 2-57 所示的"过滤器名称"对话框，输入过滤器名称。

（3）选择过滤器，单击"复制"按钮 ，复制的新过滤器将显示在"过滤器列表"中。单击
"重命名"按钮 ，打开"重命名"对话框，输入过滤器新名称，单击"确定"按钮，如图 2-58
所示。

图 2-57　"过滤器名称"对话框

图 2-58　"重命名"对话框

（4）在"类别"选项组中选择将包含在过滤器中的一个或多个类别，以确定可用于过滤器规则中的参数。

（5）在"过滤器规则"选项组中选择过滤器条件、过滤器运算符等。根据需要添加其他过滤器规则或集合，最多可以添加 3 个。

（6）在操作符下拉列表中选择过滤器的运算符，包括"等于""不等于""大于""大于"或"等于""小于""小于"或"等于""包含""不包含""开始部分是""开始部分不是""末尾是""末尾不是""有一个值"和"没有值"。

（7）完成过滤器规则的创建后，单击"确定"按钮。

2.3.5　线处理

线处理通常用于替代活动视图中选择线的线样式，具体操作步骤如下。

（1）单击"视图"选项卡→"图形"面板→"细线"按钮，视图中的所有线都按照单一宽度显示，如图 2-59 所示。

显示线宽　　　　　　　　　　　　　　单一宽度

图 2-59　细线处理

（2）按 Esc 键退出"细线"命令，单击"修改"选项卡→"视图"面板→"线处理"按钮，打开"修改 | 线处理"选项卡和选项栏，如图 2-60 所示。

图 2-60 "修改 | 线处理"选项卡和选项栏

（3）在"线样式"下拉列表中选择"宽线"选项，如图 2-61 所示。在图形中选择要修改线样式的图形线，这里选择门上的圆弧线，圆弧线的样式由细线变为宽线，如图 2-62 所示。

图 2-61 "线样式"下拉列表　　　　　图 2-62 更改线样式

（4）采用相同的方法，更改视图中其他边缘的线样式。

2.3.6 显示隐藏线

使用"显示隐藏线"工具可以使当前视图中被其他图元遮挡的模型图元和详图图元显示出来，具体操作步骤如下。

（1）打开一个要在其中显示被遮挡图元隐藏线的视图，在视图控制栏中设置视觉样式为隐藏线，如图 2-63 所示。

（2）单击"视图"选项卡→"图形"面板→"显示隐藏线"按钮，选择隐藏了另一个图元的图元，这里选择楼板。

（3）选择一个或多个要显示隐藏线的图元，这里选择坡道。

（4）被遮挡的图元中的线将在此图元中显示，如图 2-64 所示。

图 2-63 打开视图　　　　　图 2-64 显示隐藏线

2.3.7　剖切面轮廓

使用"剖切面轮廓"工具可以修改在视图中剖切的图元的形状，例如屋顶、楼板、墙和复合结构的层，具体操作步骤如下。

（1）打开剖面视图，如图 2-65 所示。

（2）单击"视图"选项卡→"图形"面板→"剖切面轮廓"按钮，在视图中选择要编辑的截面，这里选择屋顶轮廓，如图 2-66 所示。

图 2-65　剖面视图　　　　　　　　　图 2-66　选择屋顶轮廓

（3）打开图 2-67 所示的"修改 | 创建剖切面轮廓草图"选项卡和选项栏。

图 2-67　"修改 | 创建剖切面轮廓草图"选项卡和选项栏

（4）单击"绘制"面板→"线"按钮，绘制屋顶轮廓，如图 2-68 所示。

（5）单击"模式"面板→"完成编辑模式"按钮，完成剖切面中屋顶轮廓的编辑，如图 2-69 所示。

图 2-68　绘制屋顶轮廓　　　　　　　　图 2-69　屋顶轮廓

第 3 章
基本绘图工具

知识导引

　　Revit 提供了丰富的实体操作工具，可实现对工作平面、模型以及几何图形的编辑等功能。借助这些工具，用户可以轻松、方便、快捷地绘制图形。本章主要介绍工作平面、模型创建和图元修改、图元组、尺寸标注等内容。

3.1　工作平面

工作平面是一个用作视图或绘制图元起始位置的虚拟二维表面。工作平面可以作为视图的原点，可以用来绘制图元，还可以用来放置基于工作平面的构件。

3.1.1　设置工作平面

每个视图都与工作平面相关联。在视图中设置工作平面时，工作平面将与该视图一起保存。在某些视图（如平面视图、三维视图和绘图视图）以及族编辑器的视图中，工作平面是自动设置的。在其他视图（如立面视图和剖面视图）中，则必须手动设置工作平面。

单击"建筑"选项卡→"工作平面"→"设置"按钮，打开图 3-1 所示的"工作平面"对话框。使用该对话框可以显示或更改视图的工作平面，也可以显示、设置、更改或取消关联基于工作平面图元的工作平面。

图 3-1　"工作平面"对话框

（1）名称。选择此单选项，可以从列表中选择一个可用的工作平面。此列表中包括标高、网格和已命名的参照平面。

（2）拾取一个平面。选择此单选项，可以选择任何可以进行尺寸标注的平面为所需平面，包括墙面、链接模型中的面、拉伸面、标高、网格和参照平面等，Revit 会创建与所选平面重合的平面。

（3）拾取线并使用绘制该线的工作平面。选择此单选项，Revit 会创建与选择线的工作平面共面的工作平面。

3.1.2　显示工作平面

在视图中可以显示或隐藏活动的工作平面，工作平面在视图中以网格形式显示。

单击"建筑"选项卡→"工作平面"→"显示工作平面"按钮，可以显示工作平面，如图 3-2 所示。再次单击"显示工作平面"按钮，可以隐藏工作平面。

图 3-2　显示工作平面

3.1.3　编辑工作平面

可以修改工作平面的边界大小和网格大小，具体操作步骤如下。

（1）选择视图中的工作平面，拖曳平面的边界控制点，可以改变边界大小，如图 3-3 所示。

（2）在"属性"选项板中的工作平面网格间距中输入新的间距值，或者在选项栏中输入新的间距值，然后按 Enter 键或单击"应用"按钮，可以更改网格大小，如图 3-4 所示。

图 3-3 拖曳更改边界大小

图 3-4 更改网格大小

3.1.4 工作平面查看器

使用工作平面查看器可以修改模型中基于工作平面的图元。工作平面查看器提供一个临时性的视图，不会保留在项目浏览器中，这对于编辑形状、放样和放样融合中的轮廓非常有用。具体操作步骤如下。

（1）单击"快速访问"工具栏→"打开"按钮，打开"放样 .rfa"图形文件，如图 3-5 所示。

（2）单击"创建"选项卡→"工作平面"面板→"工作平面查看器"按钮，打开"工作平面查看器"窗口，如图 3-6 所示。

图 3-5 打开图形文件

图 3-6 "工作平面查看器"窗口

（3）根据需要更改图形，如图 3-7 所示。

（4）当在项目视图或工作平面查看器中进行更改时，其他视图会实时更新，结果如图 3-8 所示。

图 3-7 更改图形

图 3-8 更改后的图形

3.2 模型创建

3.2.1 模型线

模型线是基于工作平面的图元，存在于三维空间且在所有视图中都可见。模型线可以绘制成直线或曲线，可以单独绘制、链状绘制，或者以矩形、圆形、椭圆形或其他多边形的形状进行绘制。

单击"建筑"选项卡→"模型"面板→"模型线"按钮 ，打开"修改 | 放置线"选项卡，在"绘制"面板和"线样式"面板中包含了所有用于绘制模型线的绘图工具与线样式，如图 3-9 所示。

图 3-9 "绘制"面板和"线样式"面板

1. 直线

绘制直线的具体操作步骤如下。

（1）单击"修改 | 放置线"选项卡→"绘制"面板→"直线"按钮 ，鼠标指针变成 形状，并在功能区的下方显示其选项栏，如图 3-10 所示。

图 3-10 直线选项栏

（2）在绘图区中单击确定直线的起点，拖曳鼠标指针，动态显示直线的参数，如图 3-11 所示，到适当位置单击确定直线的终点。

（3）也可以直接输入直线的参数，如图 3-12 所示，按 Enter 键确认。

图 3-11 动态显示直线参数

图 3-12 输入直线参数

- 放置平面：显示当前的工作平面，可以从其下拉列表中选择标高或拾取新工作平面。
- 链：勾选此复选框，可以绘制连续线段。
- 偏移：在文本框中输入偏移值，绘制的直线会根据输入的值自动偏移轨迹线。
- 半径：勾选此复选框，并输入半径值，绘制的直线之间会根据半径值自动生成圆角。要使用此复选框，必须先勾选"链"复选框绘制连续曲线，然后才能绘制圆角。

2. 矩形

可以根据起点和角点绘制矩形，具体操作步骤如下。

（1）单击"修改 | 放置线"选项卡→"绘制"面板→"矩形"按钮 ，在图中适当位置单击确定矩形的起点。

（2）拖曳鼠标指针，动态地显示矩形的大小，可以单击确定矩形的角点，也可以直接输入矩形的尺寸值。

（3）在矩形选项栏中勾选"半径"复选框，输入半径值，

图 3-13 带圆角的矩形

绘制带圆角的矩形，如图3-13所示。

3. 多边形

（1）内接多边形。对于内接多边形，圆的半径是圆心到多边形各个顶点之间的距离。具体操作步骤如下。

① 单击"修改 | 放置线"选项卡→"绘制"面板→"内接多边形"按钮，打开选项栏，如图3-14所示。

图3-14　多边形选项栏

② 在选项栏中输入边数、偏移值以及半径值等参数。

③ 在绘图区内单击以确定多边形的圆心。

④ 拖曳鼠标指针并单击确定圆心到多边形各边顶点之间的距离，完成内接多边形的绘制。

（2）外接多边形。绘制一个各边与中心相距某个特定距离的多边形。具体操作步骤如下。

① 单击"修改 | 放置线"选项卡→"绘制"面板→"外接多边形"按钮，打开选项栏，如图3-14所示。

② 在选项栏中输入边数、偏移值以及半径值等参数。

③ 在绘图区内单击以确定多边形的圆心。

④ 拖曳鼠标指针并单击确定圆心到多边形各边的垂直距离，完成外接多边形的绘制。

4. 圆

可以通过指定圆形的中心点和半径来绘制圆形，具体操作步骤如下。

（1）单击"修改 | 放置线"选项卡→"绘制"面板→"圆"按钮，打开选项栏，如图3-15所示。

图3-15　圆选项栏

（2）在绘图区中单击确定圆的圆心。

（3）在选项栏中输入半径值，仅需要单击一次，即可将圆形放置在绘图区。

（4）如果在选项栏中没有确定半径，可以按住鼠标左键并拖曳调整圆的半径，再次单击确认半径，完成圆的绘制。

5. 圆弧

Revit提供了4种用于绘制弧的选项。

（1）起点-终点-半径弧。通过绘制连接弧的两个端点的弦指定起点、终点、半径弧，然后使用第三个点指定角度或半径。

（2）圆心-端点弧。通过指定圆心、起点和端点绘制圆弧。此方法不能绘制角度大于180°的圆弧。

（3）相切-端点弧。从现有墙或线的端点创建相切弧。

（4）圆角弧。绘制两条相交直线间的圆角。

6. 椭圆和椭圆弧

（1）椭圆。通过指定中心点、长半轴和短半轴来绘制椭圆。

（2）半椭圆。通过指定长半轴和短半轴来控制半椭圆的大小。

7. 样条曲线

绘制一条经过或靠近指定点的平滑曲线，具体操作步骤如下。

（1）单击"修改 | 放置线"选项卡→"绘制"面板→"样条曲线"按钮，打开选项栏。

（2）在绘图区中单击确定样条曲线的起点。

（3）拖曳鼠标指针并单击，指定样条曲线上的下一个控制点。可以根据需要指定控制点。

用一条样条曲线无法创建单一闭合环，可以使用第二条样条曲线来使曲线闭合。

3.2.2　模型文字

模型文字是基于工作平面的三维图元，可用于建筑或墙上的标志或字母。对于能以三维方式显示的族（如墙、门、窗和家具族），用户可以在项目视图和族编辑器中添加模型文字。模型文字不可用于只能以二维方式表示的族，如注释、详图构件和轮廓族。

在添加模型文字之前，首先应设置要在其中显示文字的工作平面。

1. 创建模型文字

创建模型文字的具体操作步骤如下。

（1）在绘图区中绘制一段墙体。

（2）单击"建筑"选项卡→"工作平面"面板→"设置"按钮，打开"工作平面"对话框，选择"拾取一个平面"选项，如图 3-16 所示。单击"确定"按钮，选择墙体的前端面为工作平面，如图 3-17 所示。

图 3-16　"工作平面"对话框

图 3-17　选择前端面

（3）单击"建筑"选项卡→"模型"面板→"模型文字"按钮，打开"编辑文字"对话框，输入"Revit 2021"，如图 3-18 所示。单击"确定"按钮。

（4）拖曳模型文字并将其放置在选择的平面上，如图 3-19 所示。

（5）将文字拖曳到墙上适当位置并单击，如图 3-20 所示。

图 3-18　"编辑文字"对话框

图 3-19　放置文字

图 3-20　模型文字

2. 编辑模型文字

编辑模型文字的具体操作步骤如下。

（1）选择图 3-20 中的文字，在"属性"选项板中将文字的"深度"更改为"200"，单击"应用"按钮，如图 3-21 所示。

- 工作平面：表示用于放置文字的工作平面。
- 文字：单击此文本框中的"编辑"按钮，打开"编辑文字"对话框，更改文字。
- 水平对齐：指定存在多行文字时文字的对齐方式，各行之间相互对齐方式。
- 材质：单击按钮，打开"材质浏览器"对话框，指定模型文字的材质。
- 深度：输入文字的深度。
- 注释：设置有关文字的特定注释。
- 标记：指定某一类别模型文字的标记，如果

图 3-21 更改文字深度

将此标记修改为其他模型文字已使用的标记，Revit 将发出警告，但仍允许使用此标记。

- 子类别：显示默认类别或从下拉列表中选择子类别。定义子类别的对象样式时，可以定义其颜色、线宽以及其他属性。

（2）单击"属性"选项板中的"编辑类型"按钮，打开图 3-22 所示的"类型属性"对话框。单击"复制"按钮，打开"名称"对话框，输入名称为"1000 mm 仿宋"，如图 3-23 所示。单击"确定"按钮，返回"类型属性"对话框，在"文字字体"下拉列表中选择"仿宋"，更改"文字大小"为"1000"，勾选"斜体"复选框，如图 3-24 所示。单击"确定"按钮，完成对文字字体和大小的更改，如图 3-25 所示。

图 3-22 "类型属性"对话框

图 3-23 输入名称

- 文字字体：设置模型文字的字体。
- 文字大小：设置文字大小。
- 粗体：将字体设置为粗体。
- 斜体：将字体设置为斜体。

图 3-24 文字属性设置

图 3-25 更改文字字体和大小

（3）选择文字，按住鼠标左键并拖曳文字，如图 3-26 所示。将其拖曳到墙体中间位置，松开鼠标左键，完成文字的移动，如图 3-27 所示。

图 3-26 拖曳文字

图 3-27 移动文字

3.3 图元修改

Revit 提供了图元的修改和编辑工具，主要集中在"修改"选项卡中，如图 3-28 所示。

图 3-28 "修改"选项卡

当选择要修改的图元后，会打开"修改|××"选项卡。选择的图元不同，打开的"修改|××"选项卡也会有所不同，但是"修改"面板中的工具是相同的。

3.3.1 对齐图元

可以将一个或多个图元与选择的图元对齐。此工具通常用于对齐墙、梁和线，但也可以用于其他类型的图元。可以对齐同一类型的图元，也可以对齐不同族的图元。可以在平面（二维）视图、三维视图或立面视图中对齐图元。

具体操作步骤如下。

图 3-29　对齐选项栏

（1）单击"修改"选项卡→"修改"面板→"对齐"按钮 ，打开选项栏，如图 3-29 所示。

● 多重对齐：勾选此复选框，将多个图元与所选图元对齐，也可以在按住 Ctrl 键的同时选择多个图元进行对齐。

● 首选：指明将如何对齐所选墙，包括"参照墙面""参照墙中心线""参照核心层表面"和"参照核心层中心"。

（2）选择要与其他图元对齐的图元，如图 3-30 所示。

（3）选择要与参照图元对齐的一个或多个图元，如图 3-31 所示。在选择之前，将鼠标指针在图元上移动，直到高亮显示要与参照图元对齐的图元部分，单击该图元，即可对齐图元，如图 3-32 所示。

图 3-30　选择要对齐的图元　　　　　图 3-31　选择参照图元

（4）如果希望选定图元与参照图元始终保持对齐状态，则要单击锁定标记来锁定对齐，如图 3-33 所示。当修改具有对齐关系的图元时，系统会自动修改与之对齐的其他图元。

提示

若要启动新对齐，则按 Esc 键一次；若要退出"对齐"工具，则按 Esc 键两次。

图 3-32　对齐图元　　　　　　图 3-33　锁定对齐

3.3.2 移动图元

将选择的图元移动到新的位置，具体操作步骤如下。

（1）选择要移动的图元，如图 3-34 所示。

（2）单击"修改"选项卡→"修改"面板→"移动"按钮 ，打开移动选项栏，如图 3-35 所示。

图 3-34　选择图元　　　　　　　　图 3-35　移动选项栏

● 约束：勾选此复选框，可以限制图元沿着与其垂直或共线的矢量方向移动。

● 分开：勾选此复选框，可在移动前中断所选图元和其他图元之间的关联；也可以将依赖于主体的图元从当前主体移动到新的主体上。

（3）单击图元上的点作为移动的起点，如图 3-36 所示。

（4）拖曳鼠标指针将图元移动到适当位置，如图 3-37 所示。

（5）单击完成移动操作，如图 3-38 所示。如果要更精准地移动图元，在移动过程中，输入要移动的距离即可。

图 3-36　指定起点

图 3-37　移动图元

图 3-38　完成移动

3.3.3　旋转图元

在楼层平面视图、天花板投影平面视图、立面视图和剖面视图中，图元会围绕垂直于这些视图的轴旋转。但并不是所有图元均可以围绕任何轴旋转，例如，墙不能在立面视图中旋转，窗不能在没有墙的情况下旋转。

将选择的图元绕轴旋转，具体操作步骤如下。

（1）选择要旋转的图元，如图 3-39 所示。

（2）单击"修改"选项卡→"修改"面板→"旋转"按钮，打开旋转选项栏，如图 3-40 所示。

图 3-39　选择图元

图 3-40　旋转选项栏

- 分开：勾选此复选框，可在移动前中断所选图元和其他图元之间的关联。
- 复制：勾选此复选框，可以旋转所选图元的副本，而在原来位置上保留原始对象。
- 角度：输入旋转角度，系统会根据指定的角度旋转。
- 旋转中心：默认的旋转中心是图元中心，可以单击"地点"按钮，指定新的旋转中心。

（3）单击指定旋转的起始位置放射线，如图 3-41 所示。此时显示的线表示第一条放射线。如果在指定第一条放射线的同时用鼠标指针进行捕捉，则捕捉线将随预览框一起旋转，并在放置第二条放射线时捕捉屏幕上的角度。

（4）拖曳鼠标指针旋转图元到适当位置，如图 3-42 所示。

（5）单击完成旋转操作，如图 3-43 所示。如果要更精准地旋转图元，则在旋转过程中输入要旋转的角度即可。

图 3-41　指定旋转的起始位置　　　　图 3-42　旋转图元　　　　图 3-43　完成旋转

3.3.4　偏移图元

偏移图元就是将选择的图元，如线、墙或梁复制移动到其长边的垂直方向上的指定距离处。可以对单个图元或属于相同族的图元链应用偏移。可以通过拖曳选择图元或输入值来指定偏移距离。

使用"偏移"工具的限制条件如下。

（1）只能在线、梁和支撑的工作平面中偏移它们。

（2）不能对创建为内建族的墙进行偏移。

（3）不能在与图元的移动平面相垂直的视图中偏移这些图元，如不能在立面图中偏移墙。

具体操作步骤如下。

（1）单击"修改"选项卡→"修改"面板→"偏移"按钮 ⟲，打开选项栏，如图 3-44 所示。

图 3-44　偏移选项栏

- 图形方式：选择此单选项，将选择的图元拖曳到所需位置。
- 数值方式：选择此单选项，在"偏移"文本框中输入偏移距离值，距离值应为正数。
- 复制：勾选此复选框，可以偏移所选图元的副本，而在原来位置上保留原始对象。

（2）在选项栏中选择偏移图元的方式。

（3）选择要偏移的图元或链，如果选择"数值方式"单选项并指定了偏移距离，则将在放置鼠标指针的一侧，在离高亮显示图元相应偏移距离的地方，显示一条预览线，如图 3-45 所示。

（4）根据需要移动鼠标指针，以便在所需偏移位置显示预览线，然后单击将图元或链移动到该位置，或在那里放置一个副本。

鼠标指针在墙的内部　　　　　　　　　鼠标指针在墙的外部

图 3-45　偏移方向

（5）如果选择"图形方式"单选项，则单击选择高亮显示的图元，然后将其拖曳到所需偏移位置并再次单击。开始拖曳后，将显示一个关联尺寸标注，可以输入特定的偏移距离。

3.3.5　镜像图元

Revit 移动或复制所选图元，并将其位置反转到所选轴线的对面。

1. 镜像 – 拾取轴

通过已有轴来镜像图元，具体操作步骤如下。

（1）选择要镜像的图元，如图 3-46 所示。

（2）单击"修改"选项卡→"修改"面板→"镜像 - 拾取轴"按钮，打开选项栏，如图 3-47 所示。

图 3-46　选择图元　　　　　　　图 3-47　镜像选项栏

复制：勾选此复选框，可以镜像所选图元的副本，而在原来位置上保留原始对象。

（3）选择代表镜像轴的线，如图 3-48 所示。

（4）单击完成镜像操作，如图 3-49 所示。

图 3-48　选择镜像轴线　　　　　　图 3-49　完成镜像

2. 镜像 – 绘制轴

绘制一条临时镜像轴线来镜像图元，具体操作步骤如下。

（1）选择要镜像的图元，如图 3-50 所示。

（2）单击"修改"选项卡→"修改"面板→"镜像 - 拾取轴"按钮 ，打开选项栏，如图 3-51 所示。

图 3-50　选择图元

图 3-51　镜像选项栏

（3）绘制一条临时镜像轴线，如图 3-52 所示。

（4）单击完成镜像操作，如图 3-53 所示。

图 3-52　绘制镜像轴　　　　　　　　　　　　　图 3-53　完成镜像

3.3.6　阵列图元

使用"阵列"工具可以创建一个或多个图元的多个实例，并同时对这些实例执行操作。

1. 线性阵列

可以指定阵列中的图元之间的距离，具体操作步骤如下。

（1）单击"修改"选项卡→"修改"面板→"阵列"按钮 ，选择要阵列的图元，按 Enter 键，打开选项栏，单击"线性"按钮 ，如图 3-54 所示。

图 3-54　线性阵列选项栏

● 成组并关联：勾选此复选框，将阵列的每个成员包括在一个组中；如果未勾选此复选框，则阵列后，每个副本都独立于其他副本。

● 项目数：指定阵列中所有选择的图元的副本总数。

● 移动到：指定成员之间间距的控制方法。

● 第二个：指定阵列中每个成员之间的间距，如图 3-55 所示。

● 最后一个：指定阵列中第一个成员到最后一个成员之间的间距。阵列成员会在第一个成员和最后一个成员之间以相等间距分布，如图 3-56 所示。

图 3-55 设置"第二个"成员间距　　　图 3-56 设置"最后一个"成员间距

- 约束：勾选此复选框，可以限制阵列成员沿着与所选的图元垂直或共线的矢量方向移动。
- 激活尺寸标注：单击此选项，可以显示并激活要阵列图元的定位尺寸。

（2）在绘图区中单击以指明测量的起点。

（3）拖曳鼠标指针显示第二个成员尺寸或最后一个成员尺寸，单击确定间距尺寸，或直接输入尺寸值。

（4）在选项栏中输入副本数，也可以直接修改图形中的副本数字，完成阵列。

2. 半径阵列

绘制圆弧并指定阵列中要显示的图元数量，具体操作步骤如下。

（1）单击"修改"选项卡→"修改"面板→"阵列"按钮 ，选择要阵列的图元，按 Enter 键，打开选项栏，单击"半径"按钮 ，如图 3-57 所示。

图 3-57 半径阵列选项栏

- 角度：在此文本框中输入总的径向阵列角度，最大为 360°。
- 旋转中心：设定径向旋转中心点。

（2）系统默认旋转中心为图元的中心，如果需要设置旋转中心，则单击"地点"按钮，在适当的位置单击指定旋转直线，如图 3-58 所示。

（3）将鼠标指针移动到半径阵列的弧形开始位置，如图 3-59 所示。在大部分情况下，都需要将旋转中心控制点从所选图元的中心移走或重新定位。

图 3-58 指定旋转中心　　　图 3-59 半径阵列的开始位置

（4）在选项栏中输入旋转角度为360°，也可以在指定第一条旋转放射线后拖曳鼠标指针放置第二条旋转放射线来确定旋转角度。

（5）在视图中输入项目副本数为"6"，如图3-60所示。也可以直接在选项栏中输入项目数，按Enter键确认，结果如图3-61所示。

图3-60　输入项目副本数　　　　　　　图3-61　完成半径阵列

3.3.7　缩放图元

缩放工具适用于线、墙、图像、链接、DWG和DXF文件导入、参照平面以及尺寸标注的位置。可以通过图形方式或输入比例系数以调整图元的尺寸和比例。

缩放图元大小时，需要考虑以下事项。

- 无法调整已锁定的图元。需要先解锁图元，然后才能调整其尺寸。
- 调整图元尺寸时，需要定义一个原点，图元将相对于该固定点均匀地改变大小。
- 所有选择的图元都必须位于平行平面中，例如选择集中的所有墙必须都具有相同的底部标高。
- 调整墙的尺寸时，插入对象（如门和窗）与墙的中点保持固定的距离。
- 调整大小会改变尺寸标注的位置，但不会改变尺寸标注的值。如果被调整的图元是尺寸标注的参照图元，则尺寸标注值会随之改变。

链接符号和导入符号具有名为"实例比例"的只读实例参数，它表示实例大小与基准符号的差异程度，可以调整链接符号或导入符号来更改实例比例。

具体操作步骤如下。

（1）单击"修改"选项卡→"修改"面板→"缩放"按钮，选择要缩放的图元，如图3-62所示。打开选项栏，如图3-63所示。

图3-62　选择图元　　　　　　　　　图3-63　缩放选项栏

- 图形方式：选择此单选项，Revit通过确定两个矢量长度的比率来计算比例系数。
- 数值方式：选择此单选项，在"比例"文本框中直接输入缩放比例系数，图元将按定义的比例系数调整大小。

（2）在选项栏中选择"数值方式"单选项，输入缩放的"比例"为"0.5"，在图元中单击确定原点，如图3-64所示。

（3）缩放后的结果如图3-65所示。

图 3-64　确定原点　　　　　　　　　　　　　　图 3-65　完成缩放

　　（4）如果选择"图形方式"单选项，则拖曳鼠标指针定义第一个矢量，单击设置长度，然后再次拖曳鼠标指针定义第二个矢量，系统将根据定义的两个矢量确定缩放比例。

3.3.8　修剪 / 延伸图元

　　可以修剪或延伸一个或多个图元至由相同的图元类型定义的边界；也可以延伸不平行的图元以形成角，或者在它们相交时，对它们进行修剪以形成角。选择要修剪的图元时，鼠标指针位置指示要保留的图元部分。

1. 修剪 / 延伸为角

　　将两个所选图元修剪（或延伸）成一个角，具体操作步骤如下。

　　（1）单击"修改"选项卡→"修改"面板→"修剪 / 延伸为角"按钮，选择要修剪（或延伸）的一个线或墙，单击要保留的部分，如图 3-66 所示。

　　（2）选择要修剪（或延伸）的第二个线或墙，如图 3-67 所示。

　　（3）将所选图元修剪（或延伸）为一个角，如图 3-68 所示。

　图 3-66　选择第一个图元要保留的部分　　　图 3-67　选择第二个图元　　　图 3-68　修剪成角

2. 修剪 / 延伸单一图元

　　将一个图元延伸（或修剪）到其他图元定义的边界，具体操作步骤如下。

　　（1）单击"修改"选项卡→"修改"面板→"修剪 / 延伸单个图元"按钮，选择要用作边界的参照图元，如图 3-69 所示。

　　（2）选择要延伸（或修剪）的图元，如图 3-70 所示。

　　（3）如果此图元与边界（或投影）交叉，则保留单击的部分，而延伸（或修剪）边界另一侧的部分，如图 3-71 所示。

图 3-69　选择边界参照图元　　　图 3-70　选择要延伸的图元　　　图 3-71　完成延伸

3. 修剪 / 延伸多个图元

将多个图元延伸（或修剪）到其他图元定义的边界，具体操作步骤如下。

（1）单击"修改"选项卡→"修改"面板→"修剪 / 延伸单个图元"按钮，选择要用作边界的参照图元，如图 3-72 所示。

（2）单击选择要延伸（或修剪）的每个图元，或者框选所有要延伸（或修剪）的图元，如图 3-73 所示。

提示　　　当从右向左绘制选择框时，图元不必完全包含在选择框内；当从左向右绘制选择框时，仅选择完全包含在框内的图元。

（3）如果此图元与边界（或投影）交叉，则保留单击的部分，而延伸（或修剪）边界另一侧的部分，如图 3-74 所示。

图 3-72　选择边界图元　　　图 3-73　选择要延伸的图元　　　图 3-74　完成延伸

3.3.9　拆分图元

使用"拆分"工具可以将图元拆分为两个单独的部分，可以删除两个点之间的线段，也可以在两面墙之间创建定义的间隙。

"拆分"工具有两种使用方法：拆分图元和用间隙拆分图元。

"拆分"工具可以拆分墙、线、栏杆护手（仅拆分图元）、柱（仅拆分图元）、梁（仅拆分图元）、支撑（仅拆分图元）等图元。

1. 拆分

在选择点剪切图元（如墙或管道），或删除两点之间的线段，具体操作步骤如下。

（1）单击"修改"选项卡→"修改"面板→"拆分图元"按钮，打开选项栏，如图 3-75 所示。

☑删除内部线段

删除内部线段：勾选此复选框，Revit 会删除墙或线上所选点之间　　图 3-75　拆分图元选项栏的线段。

（2）在图元上要拆分的位置处单击，拆分图元，如图 3-76 所示。

（3）勾选"删除内部线段"复选框，单击确定另一个点，如图 3-77 所示。删除一条线段，如图 3-78 所示。

图 3-76　第一个拆分处　　　图 3-77　选择另一个点　　　图 3-78　拆分并删除图元

2．用间隙拆分

将墙拆分之前已定义间隙的两面单独的墙，具体操作步骤如下。

（1）单击"修改"选项卡→"修改"面板→"用间隙拆分"按钮，打开选项栏，如图 3-79 所示。

图 3-79　用间隙拆分选项栏

（2）在选项栏中输入"连接间隙"值。

（3）在图元上要拆分的位置处单击，如图 3-80 所示。

（4）系统根据输入的间隙值自动删除图元，如图 3-81 所示。

图 3-80　选择拆分位置　　　　　图 3-81　完成拆分

3.4　图元组

需要创建代表重复布局的实体或通用于许多建筑项目的实体（例如，宾馆房间、公寓或重复楼板）时，对图元进行分组非常有用。可以将项目或族中的图元成组，然后多次将组放置在项目或族中。

组中的每个实例之间都存在相关性。例如，创建一个有床、墙和窗的组，然后将该组的多个

实例放置在项目中。如果修改组中的一个墙，则该组所有实例
中的墙都会随之改变。

可以创建模型组、详图组和附着的详图组。

（1）模型组。都由模型组成的组，如图 3-82 所示。

（2）详图组。包含视图专有的文本、填充区域、尺寸标注、
门窗标记等图元的组，如图 3-83 所示。

（3）附着的详图组。包含与特定模型组关联的视图专有图
元的组，如图 3-84 所示。

图 3-82　模型组

图 3-83　详图组

图 3-84　附着的详图组

图元组不能同时包含模型图元和视图专有图元。如果选择了这两种类型的图元并将它们成组，
则 Revit 会创建一个模型组，并将详图图元放置于该模型组的附着的详图组中。如果同时选择了详
图图元和模型组，Revit 将为该模型组创建一个含有详图图元的附着的详图组。

3.4.1　创建组

选择图元或现有的组，然后使用"创建组"工具来创建组，具体操
作步骤如下。

（1）打开组文件，如图 3-85 所示。

（2）单击"建筑"选项卡→"模型"面板→"模型组" 下拉列
表→"创建组"按钮，打开"创建组"对话框，输入名称为"办公桌
椅"，选择"模型"组类型，如图 3-86 所示。

（3）单击"确定"按钮，打开"编辑组"面板，如图 3-87 所示。
单击"添加"按钮，选择视图中的办公桌和办公椅，将其添加到办公
桌椅组中，单击"完成"按钮，完成办公桌椅组的创建。

图 3-85　组文件

图 3-86　"创建组"对话框

图 3-87　"编辑组"面板

（4）如果要向组添加项目视图中不存在的图元，则需要从相应的选项卡中选择图元创建工具并放置新的图元。在组编辑模式中向视图添加图元时，图元将自动添加到组。

3.4.2　指定组位置

放置、移动、旋转或粘贴组时，鼠标指针将位于组原点，可以修改组原点的位置。具体步骤如下。

（1）在视图中选择模型组，模型组上将显示原点和 3 个拖曳控制柄，如图 3-88 所示。

（2）拖曳中心控制柄可移动原点，如图 3-89 所示。

| 图 3-88　选择模型组 | 图 3-89　移动原点 |

（3）拖曳端点控制柄可围绕 z 轴旋转原点，如图 3-90 所示。

图 3-90　旋转原点

3.4.3　编辑组

可以使用组编辑器在项目或族内修改组，也可以在外部编辑组。具体步骤如下。

（1）在绘图区中选择要修改的组。如果要修改的组是嵌套的，则按 Tab 键，直到高亮显示该组，然后单击选择它。

（2）单击"修改 | 模型组"选项卡→"成组"面板→"编辑组"按钮，

图 3-91　"编辑组"面板

打开"编辑组"面板，如图 3-91 所示。

（3）单击"添加"按钮，可以将图元添加到组；单击"删除"按钮，可以从组中删除图元。

（4）单击"附着"按钮，打开图 3-92 所示的"创建模型组和附着的详图组"对话框，输入模型组的名称（如有必要），并输入附着的详图组的名称，单击"确定"按钮。

（5）打开"编辑附着的组"面板，如图 3-93 所示。选择要添加到组中的图元，单击"完成"按钮，完成附着组的创建。

图 3-92　"创建模型组和附着的详图组"对话框　　　图 3-93　"编辑附着的组"面板

（6）单击"修改 | 模型组"选项卡→"成组"面板→"解组"按钮，可以将组恢复成图元。

3.4.4　将组转换为链接模型

可以将组转换为新模型，或将其替换为现有的模型，然后将该模型链接到项目。具体步骤如下。

（1）在绘图区中选择组。

（2）单击"修改 | 模型组"选项卡→"成组"面板→"链接"按钮，打开"转换为链接"对话框，如图 3-94 所示。

（3）单击"替换为新的项目文件"选项，打开"保存组"对话框，如图 3-95 所示。输入文件名，单击"保存"按钮，将组保存为项目文件。

图 3-94　"转换为链接"对话框　　　　图 3-95　"保存组"对话框

（4）如果单击"替换为现有项目文件"选项，则会打开"打开"对话框。定位到要使用的文件所在的位置，然后单击"打开"按钮，将组替换为现有的模型。

3.5 尺寸标注

尺寸标注是项目中显示距离和尺寸的专有图元。包括临时尺寸标注和永久性尺寸标注，临时尺寸标注可以更改为永久性尺寸标注。

3.5.1 临时尺寸标注

临时尺寸标注是当放置图元或绘制线或选择图元时，在图形中显示的测量值。在完成动作或取消选择图元后，这些尺寸标注会消失。

临时尺寸标注设置

单击"管理"选项卡→"设置"面板→"其他设置"下拉列表→"临时尺寸标注"按钮，打开"临时尺寸标注属性"对话框，如图 3-96 所示。

通过此对话框可以将临时尺寸标注设置为从墙的中心线、面、核心层中心或核心层的面开始测量，还可以将门和窗临时设置为从中心线或洞口开始测量。

图 3-96 "临时尺寸标注属性"对话框

在绘制图元时，Revit 会显示图元的相关形状临时尺寸标注，如图 3-97 所示。放置图元后，Revit 会显示图元的形状和位置的临时尺寸标注，如图 3-98 所示。当放置另一个图元时，前一个图元的临时尺寸标注将不再显示，但当再次选择图元时，Revit 会显示所选图元的形状和位置的临时尺寸标注。

图 3-97 形状的临时尺寸标注

图 3-98 形状和位置的临时尺寸标注

可以通过移动尺寸界线来修改临时尺寸标注，以参照所需图元，如图 3-99 所示。

双击临时尺寸上的值，打开尺寸值文本框，输入新的尺寸值，按 Enter 键确认，图元将根据输入的尺寸值调整大小或位置，如图 3-100 所示。

单击临时尺寸附近出现的尺寸标注符号，将临时尺寸标注转换为永久性尺寸标注，以便其始终显示在图形中，如图 3-101 所示。

选择图元　　　　　　移动尺寸界线　　　　　　显示尺寸

图 3-99　更改参照图元

尺寸呈编辑状态　　　　　输入新尺寸　　　　　调整图元大小

图 3-100　修改临时尺寸标注

图 3-101　将临时尺寸标注转换为永久性尺寸标注

如果在 Revit 中选择了多个图元，则不会显示临时尺寸标注和限制条件。想要显示临时尺寸标注，需要在选择多个图元后，单击选项栏中的"激活尺寸标注"按钮。

3.5.2　永久性尺寸标注

永久性尺寸标注是添加到图形以记录设计的测量值。它们为视图专有，并可在图纸上输出。

"尺寸标注"工具用于在项目构件或族构件上放置永久性尺寸标注，可以从对齐、线性（构件的水平或垂直投影）、角度、半径、直径或弧长度永久性尺寸标注中选择。

（1）单击"注释"选项卡→"尺寸标注"面板→"对齐"按钮，在选项栏中可以设置参照为"参照墙中心线""参照墙面""参照核心层中心"和"参照核心层表面"。例如，如果选择墙中心线，则将鼠标指针放置于某面墙上时，鼠标指针将首先捕捉该墙的中心线。

（2）在选项板中设置拾取为"单个参照点"，将鼠标指针放置在某个图元的参照点上，此参照点会高亮显示，单击指定参照。

（3）将鼠标指针放置在下一个参照点的目标位置上并单击，当拖曳鼠标指针时，会显示一条尺寸标注线。如果需要，可以连续选择多个参照点。

（4）当选择完参照点之后，从最后一个构件上移开鼠标指针，将其拖曳到适当位置，单击放置尺寸。标注过程如图 3-102 所示。

选择第一个参照点　　选择第二个参照点　　　　拖曳尺寸　　　　　　放置尺寸

图 3-102　标注对齐尺寸

（5）在"属性"选项板中选择尺寸标注样式，如图 3-103 所示。单击"编辑类型"按钮，打开"类型属性"对话框，单击"复制"按钮，打开"名称"对话框，输入新名称为"对角线 -5mm RomanD"，如图 3-104 所示。单击"确定"按钮，返回到"类型属性"对话框，更改文字大小为 5mm，其他采用默认设置，如图 3-105 所示，单击"确定"按钮。

图 3-103　选择尺寸标注样式

图 3-104　"名称"对话框

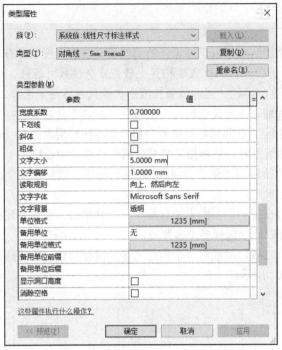

图 3-105 "类型属性"对话框

"类型属性"对话框中的选项说明如下。

● 标注字符串类型：指定尺寸标注字符串的格式化方法，包括"连续""基线"和"同基准"3
种类型。

✓ 连续：放置多个彼此端点相连的尺寸标注。

✓ 基线：放置从相同的基线开始测量的叠层尺寸标注。

✓ 同基准：放置尺寸标注字符串，其值从尺寸标注原点开始测量。

● 引线类型：指定要绘制的引线的类型，包括"直线"和"弧"两种类型。

✓ 直线：绘制从尺寸标注文字到尺寸标注线的由两个部分组成的直线引线。

✓ 弧：绘制从标注文字到尺寸标注线的圆弧线引线。

● 引线记号：指定应用到尺寸标注线处的引线顶端的标记。

● 文本移动时显示引线：指定当文字离开其原始位置时引线的显示方式，包括"远离原点"
和"超出尺寸界线"两种方式。

✓ 远离原点：当标注文字离开其原始位置时显示引线。当文字移回原始位置时，它将捕
捉到位并且引线将会隐藏。

✓ 超出尺寸界线：当标注文字移动超出尺寸界线时显示引线。

● 记号标记：用于标注尺寸界线的记号标记样式的名称。

● 线宽：设置指定尺寸标注线和尺寸引线宽度的线宽值。可以从 Revit 定义的值列表中进行
选择，还可以单击"管理"选项卡→"设置"面板→"其他设置"下拉列表→"线宽"按钮来
修改线宽的定义。

● 记号线宽：设置指定记号的线宽。可以从 Revit 定义的值列表中进行选择，或定义自己的值。

● 尺寸标注延长线：将尺寸标注线延伸超出尺寸界线交点指定值。设置此值时，如果 100%
打印，则该值即为尺寸标注线的打印尺寸。

- 尺寸界线控制点：在图元固定间隙和固定尺寸标注线之间进行切换。
- 尺寸界线长度：指定尺寸标注中所有尺寸界线的长度。
- 到图元的尺寸界线间隙：设置尺寸界线与已标注尺寸的图元之间的距离。
- 尺寸界线延伸：设置超过记号标记的尺寸界线的延长线。
- 尺寸界线的记号标记：指定尺寸界线末尾的记号显示方式。
- 中心线符号：可以选择任何载入项目中的注释符号。在参照族实例和墙的中心线的尺寸界线上方显示中心线符号。如果尺寸界线不参照中心平面，则不能在其上放置中心线符号。
- 中心线样式：如果尺寸标注参照是族实例和墙的中心线，则将改变尺寸标注的尺寸界线的线型图案。
- 中心线记号：修改尺寸标注中心线末端记号。
- 内部记号标记：当尺寸标注线的邻近线段太短而无法容纳箭头时，指定内部尺寸界线的记号标记显示的方式。发生这种情况时，短线段链的端点会翻转，内部尺寸界线会显示指定的内部记号。
- 同基准尺寸设置：指定同基准尺寸的设置。
- 颜色：设置尺寸标注线和引线的颜色。可以从 Revit 定义的颜色列表中选择，也可以自定义颜色。默认值为黑色。
- 尺寸标注线捕捉距离：该值应大于文字到尺寸标注线的间距与文字高度之和。
- 宽度系数：指定用于定义文字字符串的延长的比例。
- 下划线：使永久性尺寸标注值和文字带下划线。
- 斜体：对永久性尺寸标注值和文字应用斜体格式。
- 粗体：对永久性尺寸标注值和文字应用粗体格式。
- 文字大小：指定尺寸标注的文字大小。
- 文字偏移：指定文字距尺寸标注线的偏移。
- 读取规则：指定尺寸标注文字的起始位置和方向。
- 文字字体：指定尺寸标注文字的字体。
- 文字背景：如果设置此值为不透明，则尺寸标注文字被方框围绕，且在视图中该方框与其后的几何图形或文字重叠；如果设置此值为透明，则该框不可见且不与尺寸标注文字重叠的所有对象都能显示。
- 单位格式：单击按钮，打开"格式"对话框，设置有尺寸标注的单位格式。
- 换算单位：指定是否显示除尺寸标注主单位之外的换算单位，以及换算单位的位置，包括"无""右侧"和"下方"3 种。
- 备用单位格式：单击按钮，打开"格式"对话框，设置有尺寸标注类型的备用单位格式。
- 备用单位前缀 / 后缀：指定备用单位显示的前缀 / 后缀。
- 显示洞口高度：在平面视图中放置一个尺寸标注，该尺寸标注的尺寸界线参照相同附属件（窗或门）。
- 文字位置：指定标注文字相对于引线的位置（仅适用于直线引线类型），包括"共线"和"高于"两种类型。
  - ✓ 共线：将文字和引线放置在同一行。
  - ✓ 高于：将文字放置在高于引线的位置。
- 中心标记：显示或隐藏半径 / 直径尺寸标注中心标记。
- 中心标记尺寸：设置半径 / 直径尺寸标注中心标记的尺寸。
- 直径 / 半径符号位置：指定直径 / 半径尺寸标注的前缀文字的位置。

● 直径 / 半径符号文字：指定直径 / 半径尺寸标注值的前缀文字（默认值为 ϕ 和 R）。

● 等分文字：指定当向尺寸标注字符串添加相等限制条件时，所有 EQ 文字要使用的文字字符串。默认值为 EQ。

● 等分公式：单击该按钮，打开"尺寸标注等分公式"对话框，指定用于显示相等尺寸标注标签的尺寸标注等分公式。

● 等分尺寸界线：指定等分尺寸标注中内部尺寸界线的显示，包括"记号和线""只用记号"和"隐藏"3 种类型。

    ✔ 记号和线：根据指定的类型属性显示内部尺寸界线。

    ✔ 只用记号：不显示内部尺寸界线，但是在尺寸线的上方和下方使用"尺寸界线延伸"类型值。

    ✔ 隐藏：不显示内部尺寸界线和内部分段的记号。

（6）选择要修改尺寸的图元，永久性尺寸标注呈编辑状态。单击尺寸上的值，打开尺寸值文本框，输入新的尺寸值，按 Enter 键确认，图元将根据尺寸值调整大小或位置，如图 3-106 所示。

图 3-106　修改尺寸

线性尺寸、角度尺寸、半径尺寸、直径尺寸和弧长尺寸的标注方法同永久性尺寸的标注，这里就不再一一介绍。

第4章
概念体量

知识导引

在初始设计中，可以使用体量工具表达潜在设计意图，而无须使用通常项目中的详细程度。可以创建和修改组合成建筑模型图元的几何造型；可以随时拾取体量面并创建建筑模型图元，例如墙、楼板、幕墙系统和屋顶。在创建了建筑模型图元后，可以将视图设置为显示体量图元、建筑图元或者同时显示这两种图元。体量图元和建筑图元不会自动链接。如果修改了体量面，则必须更新建筑面。本章主要介绍创建体量族、编辑体量、内建体量，以及从体量创建建筑图元的方法。

4.1 创建体量族

在族编辑器中创建体量族后，可以将族载入项目中，并将体量族的实例放置在项目中。

（1）在主页中单击"族"→"新建"按钮，打开"新族-选择样板文件"对话框，在"概念体量"文件夹中选择"公制体量.rft"文件，如图 4-1 所示。

图 4-1 "新族-选择样板文件"对话框

（2）单击"打开"按钮，进入体量族创建环境，如图 4-2 所示。

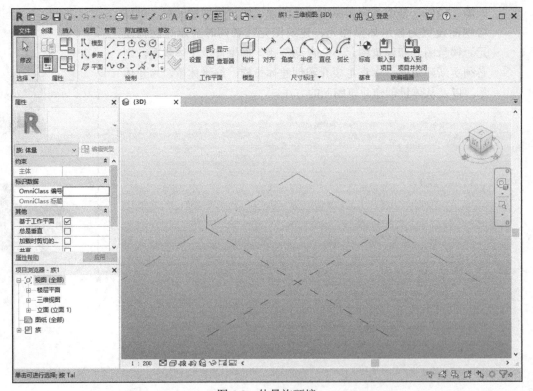

图 4-2 体量族环境

4.1.1　创建拉伸形状

要创建拉伸形状，应先绘制截面轮廓，然后系统根据截面创建拉伸模型，具体操作步骤如下。

（1）新建一个体量族文件。

（2）单击"创建"选项卡→"绘制"面板→"线"按钮 ✎，打开图 4-3 所示的"修改 | 放置 线"选项卡和选项栏，绘制图 4-4 所示的封闭轮廓。

图 4-3　"修改 | 放置 线"选项卡和选项栏

（3）单击"形状"面板→"创建形状" 🔧 下拉列表→"实心形状"按钮 🔔，系统自动创建图 4-5 所示的拉伸模型。

图 4-4　绘制封闭轮廓

图 4-5　创建拉伸模型

（4）单击尺寸修改拉伸深度，如图 4-6 所示。

（5）拖曳模型操纵控件上的箭头，可以改变倾斜角度，如图 4-7 所示。

图 4-6　修改拉伸深度

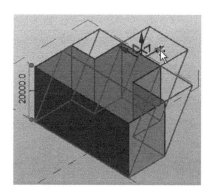

图 4-7　改变倾斜角度

（6）选择模型的边线，拖曳操纵控件上的箭头，可以修改模型的局部形状，如图 4-8 所示。

（7）选择模型的端点，可以拖曳操纵控件，改变该点在 3 个方向上的形状，如图 4-9 所示。

图 4-8　改变局部形状

图 4-9　拖曳端点

4.1.2　创建表面形状

要创建表面形状，应先绘制截面轮廓，然后系统根据截面创建拉伸模型，具体操作步骤如下。

（1）新建一个体量族文件。

（2）单击"创建"选项卡→"绘制"面板→"样条曲线"按钮，打开"修改|放置 线"选项卡和选项栏。绘制图4-10 所示的曲线。也可以选择模型线或参照线。

（3）单击"形状"面板→"创建形状"下拉列表→"实心形状"按钮，系统自动创建图 4-11 所示的拉伸曲面。

（4）选择曲面，可以拖曳操纵控件上的箭头使曲面沿各个方向移动，如图 4-12 所示。

图 4-10　绘制曲线

图 4-11　创建拉伸曲面

图 4-12　移动曲面

（5）选择曲面的边，拖曳操纵控件的箭头改变曲面形状，如图 4-13 所示。

（6）选择曲面的角点，拖曳操纵控件改变曲面在 3 个方向上的形状，也可以分别选择操纵控件上的方向箭头改变各个方向上的形状，如图 4-14 所示。

图 4-13　改变曲面形状　　　　　　　　　　　图 4-14　改变角点形状

4.1.3　创建旋转形状

可以从线和共享工作平面的二维轮廓来创建旋转形状，具体操作步骤如下。

（1）新建一个体量族文件。

（2）单击"创建"选项卡→"绘制"面板→"线"按钮，绘制一条直线段作为旋转轴。

（3）单击"绘制"面板→"圆"按钮，绘制旋转截面，如图 4-15 所示。

图 4-15　绘制截面

（4）选择直线和圆，单击"形状"面板→"创建形状"下拉列表→"实心形状"按钮，系统自动创建图 4-16 所示的旋转模型。

（5）选择旋转模型的面或边线，拖曳操纵控件向下的箭头（紫色箭头），可以改变模型大小，如图 4-17 所示。

图 4-16　创建旋转模型　　　　　　　　　　图 4-17　改变模型大小

（6）拖曳模型操纵控件上朝左前方的箭头（红色箭头），可以移动模型，如图 4-18 所示。

（7）选择旋转轮廓的外边缘，拖曳操纵控件向上的箭头（橙色箭头），更改旋转角度，如图 4-19 所示；也可以在"属性"选项板中更改"起始角度"和"结束角度"，如图 4-20 所示。单击"应用"按钮，更改模型的结束角度，如图 4-21 所示。

图 4-18 移动模型

图 4-19 更改旋转角度

图 4-20 "属性"选项板

图 4-21 更改结束角度

4.1.4 创建放样形状

可以从线和垂直于线绘制的二维轮廓创建放样形状。放样中的线定义了从放样二维轮廓来创建三维形态的路径。轮廓由线处理组成，它垂直于用于定义路径的一条或多条线。

如果轮廓是基于闭合环生成的，则可以使用多分段的路径来创建放样；如果轮廓不是闭合的，则不会沿多分段路径进行放样；如果路径是一条线段，则使用开放的轮廓创建扫描。

具体操作步骤如下。

（1）新建一个体量族文件。

（2）单击"创建"选项卡→"绘制"面板→"样条曲线"按钮 ，绘制一条曲线作为放样路径，如图 4-22 所示。

（3）单击"创建"选项卡→"绘制"面板→"点图元"按钮 ，在路径上放置参照点，如图 4-23 所示。

（4）选择参照点，放大图形，将工作平面显示出

图 4-22 绘制路径

来，如图 4-24 所示。

图 4-23　放置参照点

图 4-24　显示工作平面

（5）单击"绘制"面板→"椭圆"按钮 ⊕，在选项栏中取消勾选"根据闭合的环生成表面"复选框，在工作平面上绘制截面轮廓，如图 4-25 所示。

（6）选择路径和截面轮廓，单击"形状"面板→"创建形状" 下拉列表→"实心形状"按钮 ，系统自动创建图 4-26 所示的放样模型。

图 4-25　绘制截面轮廓

图 4-26　创建放样模型

4.1.5　创建放样融合形状

可以从垂直于线绘制的线和两个或多个二维轮廓创建放样融合形状。放样融合中的线定义了放样，并通过融合二维轮廓来创建三维形状的路径。轮廓由线处理组成，它垂直于用于定义路径的一条或多条线。

与放样形状不同，放样融合形状无法沿着多段路径创建。但是其轮廓可以打开和闭合。

具体操作步骤如下。

（1）新建一个体量族文件。

（2）单击"创建"选项卡→"绘制"面板→"起点 - 终点 - 半径弧"按钮 ，绘制一条曲线作为路径，如图 4-27 所示。

（3）单击"创建"选项卡→"绘制"面板→"点图元"按钮 ●，沿路径放置放样融合轮廓的参照点，如图 4-28 所示。

图 4-27　绘制路径

图 4-28　放置参照点

（4）选择起点参照点，放大图形，将工作平面显示出来。单击"绘制"面板→"圆"按钮⊘，在工作平面上绘制第一个截面轮廓，如图 4-29 所示。

（5）选择中间的参照点，放大图形，将工作平面显示出来。单击"绘制"面板→"内接多边形"按钮⬠，在工作平面上绘制第二个截面轮廓，如图 4-30 所示。

图 4-29　绘制第一个截面轮廓

图 4-30　绘制第二个截面轮廓

（6）选择终点的参照点，放大图形，将工作平面显示出来。单击"绘制"面板→"矩形"按钮▭，在工作平面上绘制第三个截面轮廓，如图 4-31 所示。

（7）选择所有的路径和截面轮廓，单击"形状"面板→"创建形状"⬡下拉列表→"实心形状"按钮⬠，系统自动创建图 4-32 所示的放样融合模型。

图 4-31　绘制第三个截面轮廓

图 4-32　创建放样融合模型

4.1.6　创建空心形状

可以使用"创建空心形状"工具来创建负几何（空心）图形以剪切实心几何图形。
具体操作步骤如下。

（1）新建一个体量族文件。

（2）单击"创建"选项卡→"绘制"面板→"矩形"按钮▭，绘制图 4-33 所示的封闭轮廓。

图 4-33　绘制封闭轮廓

（3）单击"形状"面板→"创建形状"⬢下拉列表→"实心形状"按钮⬭，系统自动创建图 4-34 所示的拉伸模型。

（4）单击"绘制"面板→"圆"按钮⊙，在拉伸模型的侧面绘制截面轮廓，如图 4-35 所示。

图 4-34　创建拉伸模型

图 4-35　绘制截面轮廓

（5）单击"形状"面板→"创建形状"⬢下拉列表→"空心形状"按钮⬭，系统自动创建一个空心、形状拉伸、默认孔底为图 4-36 所示的平底。也可以单击⬛按钮，更改孔底为圆弧底，如图 4-37 所示。

图 4-36　平底

图 4-37　圆弧底

（6）拖曳操纵控件，调整孔的深度，或者直接修改尺寸，创建通孔，结果如图 4-38 所示。

图 4-38　创建通孔

4.2　编辑体量

4.2.1　编辑形状

可以通过更改轮廓或路径来编辑形状，具体编辑步骤如下。

（1）在视图中选择侧面，打开"修改 | 形式"选项卡，单击"形状"面板→"编辑轮廓"按钮 。

（2）打开"修改 | 形式 > 编辑轮廓"选项卡，并进入路径编辑模式，更改路径的形状和大小，如图 4-39 所示。

图 4-39　编辑路径

（3）单击"模式"面板→"完成编辑模式"按钮 ，完成路径的更改。

（4）选择放样融合的端面，单击"形状"面板→"编辑轮廓"按钮 ，进入路径编辑模式，对端面轮廓进行编辑，如图 4-40 所示。

（5）单击"模式"面板→"完成编辑模式"按钮 ，结果如图 4-41 所示。

图 4-40　编辑端面轮廓　　　　　　　　　　图 4-41　编辑形状

4.2.2　在透视模式中编辑形状

可以编辑形状的源几何图形来调整其形状；也可以通过在透视模式中添加和删除轮廓、边和顶点来编辑形状。具体操作步骤如下。

（1）选择形状模型，打开"修改 | 形式"选项卡，单击"形状"面板→"透视"按钮，进入透视模式，如图 4-42 所示，此模式下会显示形状的几何图形和节点。

（2）选择形状和三维空间显示的任意图元以重新定位节点和线，如图 4-43 所示。

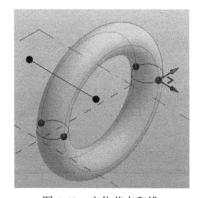

图 4-42　透视模式　　　　　　　　　　图 4-43　定位节点和线

（3）选择节点，拖曳节点更改截面大小，如图 4-44 所示。

（4）单击"添加边"按钮，在轮廓线上添加节点以增加边，如图 4-45 所示。

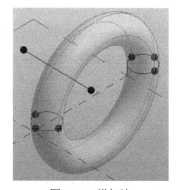

图 4-44　更改截面大小　　　　　　　　　　图 4-45　增加边

（5）选择增加的点，拖曳控件改变截面形状，如图 4-46 所示。

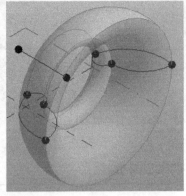

图 4-46　改变截面形状

（6）再次单击"形状"面板→"透视"按钮，退出透视模式，结果如图 4-47 所示。

图 4-47　编辑形状

4.2.3　分割路径

可以分割路径和形状的边以定义放置在设计中自适应构件上的节点。

在概念设计中分割路径时，将应用节点以表示构件的放置点位置。通过确定分割数、分割之间的距离或通过与参照对象（标高、垂直参照平面或其他分割路径）的交点来执行分割。

具体操作步骤如下。

（1）打开已经绘制好的形状，这里打开放样融合形状。

（2）选择形状的一条边线，如图 4-48 所示。

（3）打开"修改 | 形式"选项卡，单击"分割"面板→"分割路径"按钮。默认情况下，路径将被分割为具有 6 个等距离节点的 5 段（英制样板）或具有 5 个等距离节点的 4 段（公制样板），如图 4-49 所示。

（4）在"属性"选项板 中更改"节点总数"为"8"，如图 4-50 所示。也可以直接在视图中选择节点数字，输入节点总数为"8"，如图 4-51 所示。

● 布局：指定如何沿分割路径分布节点。包括"无""固定数量""固定距离""最小距离""最大距离" 5 种方式。

图 4-48　选择边线

图 4-49　分割路径

图 4-50　"属性"选项板

图 4-51　更改节点总数

- ✓ 无：此布局将移除使用"分割路径"工具创建的节点并对路径产生影响。
- ✓ 固定数量：默认为此布局，它指定以相等间距沿路径分布的节点数。默认情况下，该路径将被分割为 5 段 6 个等距离节点（英制样板）或 4 段 5 个等距离节点（公制样板）。

提示

　　当"弦长度"的"测量类型"仅与复杂路径的几个分割点一起使用时，生成的系列点可能不像图 4-51 所示的那样非常接近曲线。当路径的起点和终点相互靠近时会发生这种情况。

- ✓ 固定距离：指定节点之间的距离。默认情况下，一个节点放置在路径的起点，新节点按路径的"距离"实例属性定义的间距放置。通过指定"对齐"实例属性，也可以将第一个节点指定在路径的"中心"或"末端"。
- ✓ 最小距离：以相等间距沿节点之间距离最短的路径分布节点。
- ✓ 最大距离：以相等间距沿节点之间距离最长的路径分布节点。
- ● 编号：指定用于分割路径的节点数。
- ● 距离：沿分割路径指定节点之间的距离。
- ● 测量类型：指定测量节点之间距离所使用的长度类型。包括"弦长""线段长度"两种类型。

    ✓ 弦长：节点之间的直线长度。

    ✓ 线段长度：节点之间沿路径的长度。

● 节点总数：指定根据分割和参照交点创建的节点总数。

● 显示节点编号：设置在选择路径时是否显示每个节点的编号。

● 翻转方向：勾选此复选框，则沿分割路径反转节点的数字方向。

● 起始缩进：指定分割路径起点处的缩进长度。缩进取决于测量类型，分布时创建的节点不会延伸到缩进范围。

● 末尾缩进：指定分割路径终点的缩进长度。

4.2.4 分割表面

在概念设计中，通常会沿着表面应用分割网格，具体操作步骤如下。

（1）打开已经绘制好的形状，这里打开放样融合形状。

（2）选择形状的一个面，如图 4-52 所示。

图 4-52　选择面

（3）打开"修改 | 形式"选项卡，单击"分割"面板→"分割表面"按钮，打开"修改 | 分割的表面"选项卡和选项栏，如图 4-53 所示。

图 4-53　"修改 | 分割的表面"选项卡和选项栏

默认情况下，U/V 网格的数量都为"10"，如图 4-54 所示。

图 4-54　分割表面

（4）可以在选项栏中更改 U/V 网格的数量或距离，也可以在"属性"选项板中更改，如图 4-55

所示。

● 边界平铺：确定填充图案与表面边界相交的方式，包括"空""部分"和"悬挑"3 种方式。

● 所有网格旋转：指定 U/V 网格的旋转角度。

● 布局：指定 U/V 网格的间距形式为固定数量或固定距离。默认设置为固定数量。

● 编号：设置 U/V 网格的固定分割数量。

● 对正：用于测量 U/V 网格的位置，包括"起点""中心"和"终点"。

● 网格旋转：用于指定 U/V 网格的旋转角度。

● 偏移：指定网格原点的 U/V 方向偏移距离。

● 区域测量：沿分割的弯曲表面的 U/V 网格的位置，网格之间的弦距离将由此测量。

（5）单击"配置 U/V 网格布局"按钮 ，U/V 网格编辑控件即显示在分割表面上，如图 4-56 所示。

图 4-55　"属性"选项板

图 4-56　U/V 网格编辑控件

● 固定数量：单击绘图区域中的数值，然后输入新数量。

● 固定距离：单击绘图区域中的距离值，然后输入新距离值。

> 提示　　"修改 | 分割的表面"选项栏上的"距离"下拉列表列出的是最小或最大距离，而不是绝对距离。只有表面在最初就被选中时（不是在面管理器中），才能使用该选项。

● 网格旋转：单击绘图区中的旋转值，然后输入两种网格的新旋转角度。

● 所有网格旋转：单击绘图区中的旋转值，然后输入新旋转角度以均衡旋转两种网格。

● 区域测量：单击并拖曳这些控制柄以沿着对应的网格重新定位带。每个网格带表示沿曲面的线，网格之间的弦距离将由此测量。

● 对正：单击、拖曳并捕捉该小控件至表面区域（或中心）以对齐 U/V 网格。新位置即为 U/V 网格布局的原点。也可以使用"对齐"工具将网格对齐到边。

（6）根据需要调整 U/V 网格的间距、旋转角度和网格定位。

（7）单击"U/V 网格和交点"面板→"U 网格"按钮 /"V 网格"按钮 ，可以控制 U/V 网格的关闭或显示，如图 4-57 所示。

关闭 U 网格　　　　　　　　　　　　关闭 U/V 网格

图 4-57　U/V 网格的显示控制

（8）单击"表面表示"面板→"表面"按钮 ，控制分割表面后的网格显示，默认状态下，系统激活此按钮，显示网格。再次单击此按钮，可以关闭网格显示。

（9）单击"表面表示"面板→"显示属性"按钮 ↘，打开"表面表示"对话框。默认情况下，勾选"UV 网格和相交线"复选框，如图 4-58 所示。如果勾选"原始表面"和"节点"复选框，则显示原始表面和节点，如图 4-59 所示。

图 4-58　"表面表示"对话框　　　　　　　　图 4-59　显示原始表面和节点

提示

在选择面或边线时，单击"分割"面板→"默认分割设置"按钮 ↘，打开图 4-60 所示的"默认分割设置"对话框，可以设置分割表面时的 U/V 网格数量和分割路径时的布局编号。

图 4-60　"默认分割设置"对话框

4.3　内建体量

要创建特定于当前项目上下文的体量，具体操作步骤如下。

（1）在项目文件中，单击"体量和场地"选项卡→"概念体量"面板→"内建体量"按钮，打开"名称"对话框，输入体量名称，如图4-61所示。

（2）单击"确定"按钮，进入体量创建环境，如图4-62所示。

图 4-61　"名称"对话框

图 4-62　体量创建环境

（3）单击"创建"选项卡→"绘制"面板→"线"按钮 和 ，打开"修改|放置 线"选项卡和选项栏，如图4-63所示。绘制截面轮廓，如图4-64所示。

图 4-63　"修改|放置 线"选项卡和选项栏

（4）单击"形状"面板→"创建形状" 下拉列表→"实心形状"按钮 ，系统自动创建图4-65所示的拉伸模型。

图 4-64　绘制截面

图 4-65　创建拉伸模型

（5）单击"在位编辑器"面板→"完成体量"按钮 ✔，完成体量的创建，将视图切换到三维视图，如图 4-66 所示。

图 4-66　完成体量创建

其他体量的创建与体量族中各种形状的创建相同，这里就不再一一介绍，读者可以自己创建，此体量不能在其他项目中重复使用。

4.4　从体量创建建筑图元

可以从抽象模型、常规模型、导入的实体和多边形网格的面创建建筑图元。

● 抽象模型：如果要对建筑进行抽象建模，或者要将总体积、总表面积和总楼层面积录入明细表，请使用抽象模型。

● 常规模型：如果必须创建一个唯一的、与众不同的形状，并且不需要对整个建筑进行抽象建模，请使用常规模型。墙、屋顶和幕墙系统可以从常规模型族中的面来创建。

● 导入的实体：要从导入实体的面创建图元，在创建体量族时必须将这些实体导入概念设计环境中，或者在创建常规模型时必须将它们导入族编辑器中。

● 多边形网格：可以从各种类型的文件导入多边形网格对象。对于多边形网格几何图形，推荐使用常规模型族，因为体量族不能从多边形网格中提取体积的信息。

4.4.1　从体量面创建墙

使用"面墙"工具，通过拾取线或面从体量实例创建墙。此工具将墙放置在体量实例或常规模型的非水平面上。

具体操作步骤如下。

（1）打开上一节绘制的体量实例。

（2）单击"体量和场地"选项卡→"面模型"面板→"墙"按钮，打开"修改 | 放置 墙"选项卡和选项栏，如图 4-67 所示。

图 4-67　"修改 | 放置 墙"选项卡和选项栏

（3）在选项栏中设置所需的标高、高度和定位线。

（4）在"属性"选项板中选择墙的类型为"基本墙常规-200mm"，其他采用默认设置，如图 4-68 所示。

（5）在视图中选择一个体量面，如图 4-69 所示。

图 4-68　"属性"选项板

图 4-69　选择体量面

（6）系统会立即将墙放置在该面上，如图 4-70 所示。

（7）继续选择其他体量面，创建面墙，结果如图 4-71 所示。

图 4-70　创建面墙

图 4-71　创建多个面墙

4.4.2 从体量面创建楼板

要从体量面创建楼板，具体绘制步骤如下。

（1）打开上一节绘制的体量实例。

（2）选择体量实例，单击"修改 | 体量"选项卡→"模型"面板→"体量楼层"按钮 ，打开"体量楼层"对话框，勾选"标高 1"和"标高 2"复选框，如图 4-72 所示。单击"确定"按钮，创建体量楼层，如图 4-73 所示。

图 4-72 "体量楼层"对话框

图 4-73 创建体量楼层

（3）单击"体量和场地"选项卡→"面模型"面板→"楼板"按钮 ，打开"修改 | 放置面楼板"选项卡，如图 4-74 所示。

图 4-74 "修改 | 放置面楼板"选项卡

（4）单击"多重选择"面板→"选择多个"按钮，禁用此选项（默认状态下，此选项处于启用状态）。

（5）在"属性"选项板中选择楼板类型为"楼板 常规 -150mm"，其他采用默认设置。

（6）在视图中选择标高 1 体量楼层，如图 4-75 所示。创建楼板，结果如图 4-76 所示。

图 4-75 选择体量楼层

图 4-76 创建楼板

4.4.3 从体量面创建屋顶

使用"面屋顶"工具可以在体量的任何非垂直面上创建屋顶，如图 4-77 所示，具体绘制步骤如下。

（1）打开上一节绘制的体量实例。

（2）单击"体量和场地"选项卡→"面模型"面板→"屋顶"按钮，打开"修改 | 放置面屋顶"选项卡和选项栏，单击"多重选择"面板→"选择多个"按钮，禁用此选项（默认状态下，此选项处于启用状态）。

（3）在"属性"选项板中选择楼板类型为"基本屋顶 常规 -125mm"，其他采用默认设置，如图 4-78 所示。

图 4-77　屋顶

图 4-78　"属性"选项板

（4）在视图中选择体量实例的上表面，如图 4-79 所示。创建屋顶，结果如图 4-80 所示。

图 4-79　选择体量上表面

图 4-80　创建屋顶

4.4.4 从体量面创建幕墙系统

使用"面幕墙系统"工具可以在任何体量面或常规模型面上创建幕墙系统。

具体绘制步骤如下。

（1）打开上一节绘制的体量实例。

（2）单击"体量和场地"选项卡→"面模型"面板→"幕墙系统"按钮▦，打开"修改 | 放置面幕墙系统"选项卡和选项栏。

（3）系统默认启用"选择多个"按钮▦，在视图中选择图形的其他 3 个侧面，如图 4-81 所示。

图 4-81　选择面

（4）在"属性"选项板中选择楼板类型为"幕墙系统 1500×3000mm"，其他采用默认设置，如图 4-82 所示。

（5）选择完面后，单击"多重选择"面板→"创建系统"按钮▦，创建幕墙系统，结果如图 4-83 所示。

图 4-82　"属性"选项板

图 4-83　幕墙系统

第 5 章
绘图准备

知识导引

在开始设计模型之前，要先定义标高和轴网，本章主要介绍培训大楼的标高和轴网的创建方法。

5.1 创建标高

在 Revit 中几乎所有的建筑构件都是基于标高创建的，标高不仅可以作为楼层层高，还可以作为窗台和其他构件的定位依据。修改标高后，这些建筑构件会随着标高的改变而发生高度上的变化。

具体操作步骤如下。

（1）在主页中单击"模型"→"新建"按钮，或者单击"文件"程序菜单→"新建"→"项目"命令，打开图 5-1 所示的"新建项目"对话框。在"样板文件"下拉列表中选择"建筑样板"选项，选择新建"项目"单选项，单击"确定"按钮，新建一个项目文件，系统自动切换视图到标高 1 楼层平面。

图 5-1 "新建项目"对话框

（2）在项目浏览器中，双击立面节点下的"东"，将视图切换到东立面视图，显示预设的标高，如图 5-2 所示。

图 5-2 预设标高

（3）单击"建筑"选项卡→"基准"面板→"标高"按钮，打开图 5-3 所示的"修改 | 放置标高"选项卡和选项栏。

图 5-3 "修改 | 放置 标高"选项卡和选项栏

- 创建平面视图：默认勾选此复选框，所创建的每个标高都是一个楼层，并且拥有关联楼层平面视图和天花板投影平面视图。如果取消勾选此复选框，则认为标高是非楼层的标高或参照标高，并且不创建关联的平面视图。墙及其他以标高为主体的图元可以将参照标高用作自己的墙顶定位标高或墙底定位标高。

- 平面视图类型：单击此按钮，打开图 5-4 所示"平面视图类型"对话框，指定需要的视图类型。

（4）当通过拖曳鼠标指针创建标高时，如果鼠标指针与现有标高线对齐，则鼠标指针和该标高线之间会显示一个临时的垂直尺寸标注。单击确定标高线的起点，如图 5-5 所示，通过水平拖曳鼠标指针绘制标高线，直到捕捉到另一侧标头时，再次单击确定标高线的终点，如图 5-6 所示。

图 5-4 "平面视图类型"对话框

图 5-5 确定起点

图 5-6 确定终点

（5）采用相同的方法，绘制所有标高线，如图 5-7 所示。

图 5-7 绘制标高线

（6）在视图中选择任意标高线，这里选择标高 5，在图 5-8 所示的"属性"选项板中单击"编辑类型"按钮，打开图 5-9 所示的"类型属性"对话框。单击"复制"按钮，打开图 5-10 所示的"名称"对话框，输入新的名称为"标头"。单击"确定"按钮，返回"类型属性"对话框，在符号下拉列表中选择"标高标头 - 圆：标头可见性"选项，其他采用默认设置，如图 5-11 所示。单击"确定"按钮，完成标头的更改，如图 5-12 所示。

图 5-8　"属性"选项板

图 5-9　"类型属性"对话框

图 5-11　设置参数

图 5-10　"名称"对话框

图 5-12　更改标头

提示　要生成多条标高，还可以利用"复制" 和"阵列" 按钮，但是利用这两种工具只能单纯地创建标高符号，而不会生成相应的视图，所以需要手动创建平面视图。

"属性"选项板中的选项说明如下。

- 立面：标高的垂直高度。
- 上方楼层：此参数指示该标高的下一个建筑楼层。默认情况下，"上方楼层"是下一个启用"建筑楼层"的最高标高。
- 计算高度：在计算房间周长、面积和体积时要使用的标高之上的距离。
- 名称：标高的标签。可以为该标高指定任何所需的标签或名称。
- 结构：勾选此复选框，可以将标高标识为主要结构（如钢顶部），默认情况下处于禁用状态。

提示　标高可以定义为两个结构和一个建筑楼层。

- 建筑楼层：勾选此复选框，表示标高对应于模型中的功能楼层或楼板，与其他标高（如平台和保护墙）相对，默认情况下处于禁用状态。

"类型属性"对话框中的选项说明如下。

- 高程基准：如果"高程基准"设置为"项目基点"，则在某一标高上报告的高程基于项目原点；如果"高程基准"设置为"测量点"，则报告的高程基于固定测量点。
- 线宽：设置标高类型的线宽。可以使用"线宽"工具来修改线宽编号的定义。
- 颜色：设置标高线的颜色。可以从 Revit 定义的颜色列表中选择颜色，也可以自定义颜色。
- 线型图案：设置标高线的线型图案。线型图案可以为实线或虚线和圆点的组合。可以从 Revit 定义的值列表中选择线型图案，也可以自定义线型图案。
- 符号：显示标高线的标头，包括"上标高标头""标高标头 - 圆：标头不可见性""标高标头 - 圆：标头可见性""标高标头 _ 下"和"标高标头 _ 正负零"。
- 端点 1 处的默认符号：默认情况下，在标高线的左端点放置编号。选择标高线时，标高编号旁边将显示复选框，取消勾选该复选框可以隐藏编号。
- 端点 2 处的默认符号：默认情况下，在标高线的右端点放置编号。

（7）框选视图中的其他标高，在"属性"选项板中的类型下拉列表中选择第（6）步创建的"标头"类型，更改标高线的标头，如图 5-13 所示。

图 5-13　更改其余标头

（8）双击标高上的尺寸值，在文本框中输入新的尺寸值，也可以选择标高线更改标高线之间的尺寸值，如图 5-14 所示。还可以直接在"属性"选项板的"立面"文本框中输入新的尺寸值。

图 5-14　更改标高尺寸值

（9）采用相同的方法，更改所有标高的尺寸值，如图 5-15 所示。

图 5-15　更改其余尺寸值

（10）图 5-15 中出现标头文字重叠现象。在标高 5 上单击"添加弯头"按钮🗸，拖曳控制点到适当的位置，从而调整标高线文字的放置位置，如图 5-16 所示。

添加弯头　　　　　　　　调整位置

更改结果

图 5-16　调整标高位置

提示

　　① 选择标高线，向左或向右拖曳标高线两端的操纵柄，可以调整标高线的长度，如图 5-17 所示。

　　② 选择一条标高线，在标高编号的附近会显示"隐藏或显示标头"复选框。取消勾选此复选框，可以隐藏标头；勾选此复选框，可以显示标头，如图 5-18 所示。

图 5-17　调整标高线长度

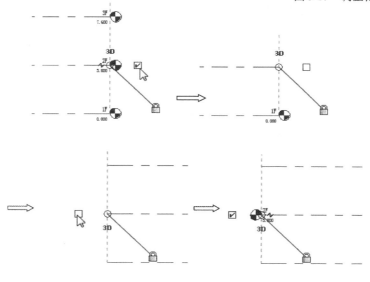

图 5-18　隐藏或显示标头

③ 选择标高后，单击"3D"字样，将标高切换到 2D 模式，如图 5-19 所示。这时如果拖曳标头延长标高线，其他视图不会受到影响。

单击"3D"字样 　　　　　　　切换到 2D 模式

图 5-19　3D 与 2D 切换

（11）双击标高上的名称，可以输入新的名称。也可以直接在"属性"选项板的"名称"文本框中输入新的名称。按 Enter 键确认，打开"确认标高重命名"提示对话框，如图 5-20 所示，单击"是"按钮，则相关的楼层平面和天花板投影平面的名称将随之更新。如果输入的名称已存在，则会打开图 5-21 所示"Autodesk Revit 2021"错误提示对话框，单击"取消"按钮，重新输入名称。

图 5-20　"确认标高重命名"提示对话框　　　　图 5-21　"Autodesk Revit 2021"错误提示对话框

（12）采用相同的方法，更改所有标高的名称，最终结果如图 5-22 所示。

图 5-22　更改标高名称

提示 双击标高线的标头会切换到与此标高相对应的楼层平面。

5.2　创建轴网

轴网用于为构件定位。在 Revit 中，轴网确定了一个不可见的工作平面。Revit 目前可以绘制弧形和直线轴网，不支持折线轴网。

具体操作步骤如下。

（1）双击标高线上的"1F"标头，或者在项目浏览器的楼层平面节点下双击"1F"标头，切换到 1F 楼层平面视图。

（2）单击"建筑"选项卡→"基准"面板→"轴网"按钮🖫，打开"修改 | 放置 轴网"选项卡和选项栏，如图 5-23 所示。

图 5-23　"修改 | 放置 轴网"选项卡和选项栏

（3）单击确定轴线的起点，如图 5-24 所示，向下拖曳鼠标指针，到适当位置单击确定轴线的终点，完成一条竖直轴线的绘制，结果如图 5-25 所示。

图 5-24　确定起点　　　　　　　　图 5-25　绘制一条竖直轴线

（4）继续绘制其他轴线，结果如图 5-26 所示。

提示 也可以用"复制"命令绘制其他轴线。框选绘制的轴线，按 Enter 键指定起点，拖曳鼠标指针到适当位置，单击确定终点，复制的轴线编号是自动排序的。当绘制轴线时，可以让各轴线的头部和尾部相互对齐。如果轴线是对齐的，则选择轴线时会出现一个锁以指明对齐。如果移动轴网范围，则所有对齐的轴线都会随之移动。

图 5-26　绘制多条竖直轴线

可以调用 CAD 图纸作为底图，利用"拾取"命令生成轴网。轴网可在任意平面视图中绘制，其他标高视图均可见。

（5）单击确定轴线的起点，水平拖曳鼠标指针到适当位置，单击确定终点，绘制一条水平轴线。用同样的方法继续绘制其他水平轴线，如图 5-27 所示。

图 5-27　绘制水平轴线

（6）选择最下端的水平轴线，双击数字"⑫"，将其更改为"A"，如图 5-28 所示，按 Enter 键确认。

图 5-28 输入轴号

一般情况下，竖直轴线的编号是用数字按从左到右的顺序编写的，水平轴线的编号则用大写的拉丁字母从下到上编写，但不能用字母 I 和 O。

（7）采用相同的方法，更改其他纵向轴线的编号，结果如图 5-29 所示。

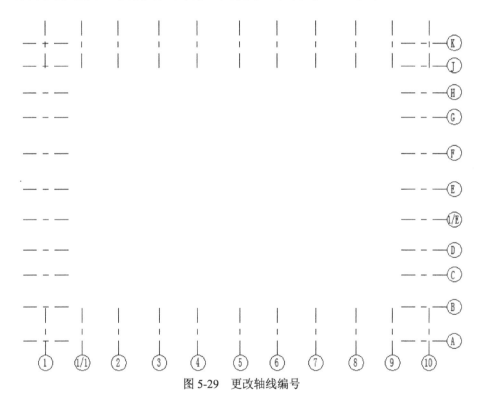

图 5-29 更改轴线编号

（8）框选视图中的所有轴线，在"属性"选项板中选择"6.5mm 编号间隙"类型，如图 5-30 所示。更改轴线类型，结果如图 5-31 所示。

（9）拾取任意轴线，会显示轴线之间的临时尺寸，双击尺寸值可以编辑此轴与左右相邻两轴之间的尺寸，如图 5-32 所示，编辑后按 Enter 键确认。也可以直接拖曳轴线，调整轴线之间的间距。

（10）采用相同的方法，更改轴线之间的距离，具体尺寸如图 5-33 所示。

图 5-30 选择类型

图 5-31 更改轴线类型

图 5-32 编辑尺寸

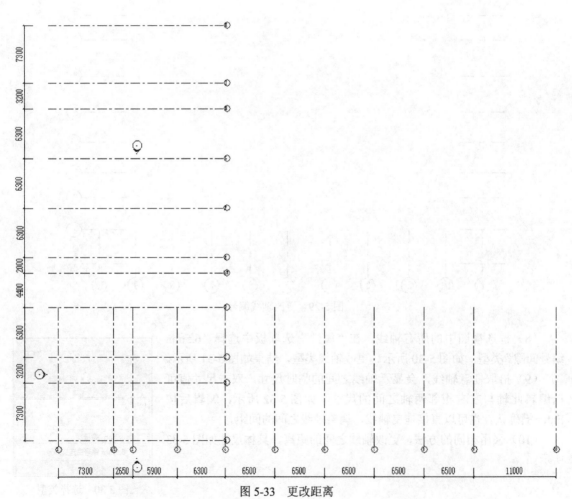

图 5-33 更改距离

（11）选择任意轴线，勾选或取消勾选轴线外侧的方框☑，可以显示或隐藏轴号，如图 5-34 所示。

图 5-34　显示或隐藏轴号

（12）选择轴线，单击"对齐约束"按钮🔓，删除对齐约束，如图 5-35 所示。然后拖曳轴线端点⊕，调整轴线的长度。采用相同的方法，调整所有轴线的长度，如图 5-36 所示。

图 5-35　删除对齐约束

（13）选择④、⑤、⑥号轴线，在"属性"选项板中选择"6.5mm 编号间隙"类型，然后拖曳轴线上的控制点，调整轴线间隙，结果如图 5-37 所示。

提示　单击"属性"选项板→"编辑类型"按钮🔳，或者单击"修改|轴网"选项卡→"属性"面板→"类型属性"按钮🔳，打开图 5-38 所示"类型属性"对话框，可以在该对话框中修改轴线的"类型""符号"颜色等属性。

图 5-36　调整轴线长度

图 5-37　调整轴线间隙

"类型属性"对话框中的选项说明如下。

● 符号：用于轴线端点的符号。

● 轴线中段：在轴线中显示的轴线中段的类型。包括"连续""无""自定义"3 种类型，分别如图 5-39 所示。

● 轴线末段宽度：表示连续轴线的线宽，或者在"轴线中段"为"无"或"自定义"的情况下表示轴线末段的线宽，如图 5-40 所示。

● 轴线末段颜色：表示连续轴线的颜色，或者在"轴线中段"为"无"或"自定义"的情况下表示轴线末段的线颜色，如图 5-41 所示。

● 轴线末段填充图案：表示连续轴线的线样式，或者在"轴线中段"为"无"或"自定义"的情况下表示轴线末段的线样式，如图 5-42 所示。

● 平面视图轴号端点 1（默认）：勾选此复选框，在平面视图中，在轴线的起点处显示编号的默认设置。也就是说，在绘制轴线时，编号在其起点处显示。

● 平面视图轴号端点 2（默认）：勾选此复选框，在平面视图中，在轴线的终点处显示编号的默认设置。也就是说，在绘制轴线时，编号在其终点处显示。

图 5-38 "类型属性"对话框

图 5-39 轴线中段　　　　　　　　图 5-40 轴线末段宽度

图 5-41 轴线末段颜色　　　　　　图 5-42 轴线末段填充图案

● 非平面视图符号（默认）：在非平面视图的项目视图（如立面视图和剖面视图）中，轴线上编号的默认位置，包括"顶""底""两者"（顶和底）"无"4 种方式。如果需要，可以显示或隐藏视图中各轴线的编号。

第6章
一层主体建筑绘制

知识导引

本章主要介绍培训大楼一层主体建筑的绘制，包括结构柱、圈梁、外墙、隔断墙，以及内部幕墙隔断和外幕墙的绘制。

6.1 绘制一层结构

柱和梁是建筑结构中经常出现的构件。在框架结构中，梁把各个方向的柱连接成整体；在墙结构中，洞口上方的梁，将两个墙体连接起来，使之共同工作。

6.1.1 绘制结构柱

构造柱是房屋抗震设防的构造措施之一，作用是保证墙体与墙体之间，以及墙体与上下层圈梁之间的可靠连接。

具体绘制步骤如下。

（1）单击"建筑"选项卡→"构建"面板→"柱"⬛下拉列表→"结构柱"按钮⬛，打开"修改 | 放置 结构柱"选项卡和选项栏，如图 6-1 所示。

图 6-1 "修改 | 放置 结构柱"选项卡和选项栏

- 放置后旋转：勾选此复选框，可以在放置柱后立即将其旋转。
- 深度：此设置表示从柱所放置的平面向下绘制；如果要从柱所放置的平面向上绘制，则选择"高度"。
- 未连接 / 标高：选择"未连接"指定柱的高度；或者选择"标高"，指定柱的顶部标高。

（2）在"属性"选项板的类型下拉列表中选择结构柱的类型，系统默认的只有"UC- 普通柱 - 柱"，因此需要载入其他结构柱类型。

① 单击"模式"面板→"载入族"按钮⬛，打开"载入族"对话框。选择"Chinese"→"结构"→"柱"→"混凝土"文件夹中的"混凝土 - 圆形 - 柱 .rfa"文件，如图 6-2 所示，单击"打开"按钮。

② 加载"混凝土 - 圆形 - 柱 .rfa"文件，此时"属性"选项板如图 6-3 所示。

- 随轴网移动：勾选此复选框，可以将垂直柱限制条件改为轴网。
- 房间边界：勾选此复选框，可以将柱限制条件改为房间边界条件。
- 启用分析模型：勾选此复选框，可以显示分析模型，并将它包含在分析计算中，默认情况下处于勾选状态。
- 钢筋保护层 - 顶面：只适用于混凝土柱，设置与柱顶面间的钢筋保护层距离。
- 钢筋保护层 - 底面：只适用于混凝土柱，设置与柱底面间的钢筋保护层距离。
- 钢筋保护层 - 其他面：只适用于混凝土柱，设置从柱到其他图元面间的钢筋保护层距离。

（3）在选项栏中将柱的绘制方式设置为"高度"，选择柱的顶部标高为"2F"，如图 6-4 所示。

（4）将柱放置在轴网交点时，两组网格线将高亮显示，如图 6-5 所示。在其他轴网交点处单击放置柱，结果如图 6-6 所示。

图 6-2 "载入族"对话框

图 6-3 "属性"选项板

图 6-4 选项栏设置　　　　　　　图 6-5 捕捉轴网交点

提示

放置柱时，可以使用 Space 键更改柱的方向。每次按 Space 键时，柱将发生旋转，以便与选择位置的相交轴网对齐。在不存在任何轴网的情况下，按 Space 键时会使柱旋转 90°。

6.1.2 绘制圈梁

圈梁是沿建筑物外墙四周及部分内横墙设置的连续封闭的梁。其目的是为了增强建筑的整体刚度及墙身的稳定性。圈梁可以减少因基础不均匀沉降或较大振动荷载而对建筑物产生的不利影响，及其所引起的墙身开裂。在抗震设防地区，利用圈梁加固墙身就显得更加必要。

具体绘制步骤如下。

（1）单击"结构"选项卡→"结构"面板→"梁"按钮，打开"修改 | 放置 梁"选项卡和选项栏，如图 6-7 所示。

● 结构用途：指定梁的结构用途，包括"大梁""水平支撑""托梁""檩条"等。

● 三维捕捉：勾选此复选框，可以捕捉任何视图中的其他结构图元，不论高程如何，屋顶梁都将捕捉到柱的顶部。

● 链：勾选此复选框后可以依次连续放置梁，在放置梁时的第二次单击将作为下一个梁的起点，按 Esc 键完成链式放置梁。

图 6-6　放置柱

图 6-7　"修改 | 放置 梁"选项卡和选项栏

（2）在"属性"选项板中只有热轧 H 型钢类型的梁。这里单击"模式"面板→"载入族"按钮，打开"载入族"对话框，选择"Chinese"→"结构"→"框架"→"混凝土"文件夹中的"混凝土 - 矩形梁 .rfa"文件，如图 6-8 所示，单击"打开"按钮。

（3）在"属性"选项板中选择"混凝土 - 矩形梁 300×600mm"类型，单击"结构材质"栏中的 按钮，如图 6-9 所示。打开"材质浏览器"对话框，如图 6-10 所示。选择"混凝土 - 现场浇注混凝土"材质，并勾选"使用渲染外观"复选框，其他采用默认设置，单击"确定"按钮。

- 参照标高：标高限制。这是一个只读的值，取决于放置梁的工作平面。
- YZ 轴对正：包括"统一"和"独立"两个选项。使用"统一"可为梁的起点和终点设置相同的参数；使用"独立"可为梁的起点和终点设置不同的参数。
- Y 轴对正：指定物理几何图形相对于定位线的位置，包括"原点""左侧""中心""右侧"。
- Y 轴偏移值：指定几何图形偏移的数值，值为在"Y 轴对正"属性中设置的定位线与特性点之间的距离。
- Z 轴对正：指定物理几何图形相对于定位线的位置，包括"原点""顶""中心""底部"。
- Z 轴偏移值：值为在"Z 轴对正"属性中设置的定位线与特性点之间的距离。

图 6-8 "载入族"对话框　　　　图 6-9 "属性"选项板

图 6-10 "材质浏览器"对话框

（4）指定梁的起点和终点、绘制一根梁，然后选择梁，在"属性"选项板中更改"起点标高偏移"量和"终点标高偏移"量都为"-400"，在视图中更改梁的尺寸和到轴线的距离，如图 6-11 所示。

图 6-11　设置梁的参数值

（5）采用相同的方法，绘制其他梁，形成圈梁，结果如图 6-12 所示。

图 6-12　绘制圈梁

提示

　　如果绘制的梁在视图中看不见，则可以单击"属性"选项板→"视图范围"→"编辑"按钮，打开"视图范围"对话框，将"视图深度"选项组中的"标高"设置为"无限制"，如图 6-13 所示，单击"确定"按钮即可看见绘制的梁。

图 6-13　设置视图范围

6.2　绘制墙体

与建筑模型中的其他基本图元类似，墙也是预定义系统族类型的实例，表示墙功能、组合和厚度的标准变化形式。可以自定义墙的类型属性来添加或删除层、将层分割为多个区域，以及修改层的厚度或指定的材质。

6.2.1　绘制外墙

外墙的具体绘制步骤如下。

（1）单击"建筑"选项卡→"构建"面板→"墙"按钮 🗔，打开"修改 | 放置 墙"选项卡和选项栏，如图 6-14 所示。

图 6-14　"修改 | 放置 墙"选项卡和选项栏

- 高度：为墙的墙顶定位标高选择标高，或者使用默认设置"未连接"，然后输入高度值。
- 定位线：指定使用墙的哪一个垂直平面相对于所绘制的路径来定位墙，或使用在绘图区中指定的路径来定位墙，包括"墙中心线"（默认）"核心层中心线""面层面：外部""面层面：内部""核心面：外部""核心面：内部"。在简单的砖墙中，"墙中心线"和"核心层中心线"平面将会重合，然而它们在复合墙中可能会不同于从左到右绘制墙时，其外部面（面层面：外部）默认情况下位于顶部。
- 链：勾选此复选框，可以绘制一系列在端点处连接的墙分段。
- 偏移：输入一个值，以指定墙的定位线与鼠标指针位置或选择的线或面之间的偏移距离。

- 连接状态：选择"允许"选项（默认），可以在墙相交位置自动创建对接；选择"不允许"选项，可以防止各墙在相交时连接。每次打开软件时，默认选择"允许"选项，但上一次选择的选项在当前会话期间保持不变。

（2）在"属性"选项板的类型下拉列表中选择"基本墙 外部 - 带砌块与金属立筋龙骨复合墙"类型，设置"定位线"为"面层面：外部"，"底部约束"为"1F"，"顶部约束"为"直到标高：2F"，其他采用默认设置，如图 6-15 所示。

图 6-15　"属性"选项板

- 定位线：墙在指定平面上的定位线。即使类型发生变化，墙的定位线也会保持相同。包括"墙中心线""核心层中心线""面层面：外部""面层面：内部""核心面：外部""核心面：内部"共 6 种类型。
- 底部约束：指定墙的底部标高。
- 底部偏移：指定墙距墙底定位标高的高度。
- 已附着底部：勾选此复选框，表示墙底部附着另一个模型构件（如楼板）。
- 底部延伸距离：指定墙层底部移动的距离。
- 顶部约束：指定墙到达的标高位置，如果选择"无连接"选项，则需要在"无连接高度"文本框中输入墙的高度。
- 无连接高度：绘制墙的高度时，从其底部向上测量高度。
- 顶部偏移：指定墙与顶部标高的偏移距离。
- 已附着顶部：勾选此复选框，表示墙顶部附着另一个模型构件（如屋顶或天花板）。
- 顶部延伸距离：指定墙层顶部移动的距离。
- 房间边界：如果勾选此复选框，则墙将成为房间边界的一部分；如果取消勾选此复选框，则墙不是房间边界的一部分。
- 与体量相关：勾选此复选框，表示此图元是从体量图元创建的。
- 横截面：默认为"垂直"选项，可以绘制垂直墙体；选择"倾斜"选项，可以在"垂直方向的角度"文本框中输入角度值，绘制倾斜墙体。

（3）在"属性"选项板中单击"编辑类型"按钮，打开"类型属性"对话框。单击"复制"按钮，打开"名称"对话框，新建名称为"外部 - 砌块隔热墙"，如图 6-16 所示。单击"确定"按钮，返回"类型属性"对话框，单击"结构"栏中的"编辑"按钮。

"类型属性"对话框中的选项说明如下。

- 结构：单击"编辑"按钮，打开"编辑部件"对话框，可以创建复合墙。
- 在插入点包络：设置位于插入点墙的层包络。
- 在端点包络：设置墙端点的层包络。
- 厚度：设置墙的厚度。
- 功能：可将墙设置为"外墙""内墙""基础墙""挡土墙""檐底板""核心竖井"等类别。
- 粗略比例填充样式：设置粗略比例视图中墙的填充图案。
- 粗略比例填充颜色：为粗略比例视图中墙的填充图案设置颜色。

（4）打开图 6-17 所示的"编辑部件"对话框，选择"保温层 / 空气层 [3]"和"衬底 [2]"，单击"删除"按钮，删除所选图层。

图 6-16　新建"外部 - 砌块隔热墙"　　　　图 6-17　"编辑部件"对话框

提示

Revit 提供了 6 种层，分别为结构 [1]、衬底 [2]、保温层 / 空气层 [3]、涂膜层、面层 1 [4]、面层 2 [5]。

- 结构 [1]：支撑其余墙、楼板或屋顶的层。
- 衬底 [2]：作为其他材质基础的材质（例如胶合板或石膏板）。
- 保温层 / 空气层 [3]：隔绝并防止空气渗透。
- 涂膜层：通常用于防止水蒸气渗透的薄膜。涂膜层的厚度应该为零。
- 面层 1 [4]：面层 1 通常是外层。
- 面层 2 [5]：面层 2 通常是内层。

层的功能具有优先顺序，结构层具有最高优先级（优先级 1），面层 2 具有最低优先级（优先级 5）。

Revit 首先连接优先级高的层，然后连接优先级低的层。

例如，假设连接两个复合墙，第一面墙中优先级 1 的层会连接到第二面墙中优先级 1 的层上。

优先级 1 的层可穿过其他优先级较低的层与另一个优先级 1 的层相连接。优先级低的层不能穿过优先级相同或优先级较高的层进行连接。

- 当层连接时，如果两个层都具有相同的材质，则接缝会被清除；如果两个层的材质不同，则连接处会出现一条线。
- 对于 Revit 来说，每一层都必须带有指定的功能，以使其可以准确地进行层匹配。
- 墙核心内的层可穿过连接墙核心外的优先级较高的层。即使核心层被设置为优先级 5，核心内的层也可延伸到连接墙的核心。

（5）单击"面层 1 [4]"栏中的材质，打开"材质浏览器"对话框。选择"刚性隔热层"材质，在"图形"选项卡中勾选"使用渲染外观"复选框，单击"表面填充图案"栏中前景"图案"区域，打开"填充样式"对话框。在样式列表中选择"沙"样式，具体参数设置如图 6-18 所示。单击"确定"按钮，返回"材质浏览器"对话框，单击"确定"按钮，返回"编辑部件"对话框。

（6）设置结构层的材质，具体参数如图 6-19 所示。

图 6-18　材质参数设置　　　　　　　　图 6-19　结构层材质设置

（7）更改"面层 1［4］"的厚度为"100"，"结构［1］"的厚度为"187"，其他采用默认设置，如图 6-20 所示。连续单击"确定"按钮，完成"外部 - 砌块隔热墙"的创建。

（8）在视图中轴线③处单击确定墙体起点，拖曳鼠标指针到适当位置，单击确定墙体的终点，如图 6-21 所示。继续绘制墙体，完成外墙的绘制，如图 6-22 所示。

图 6-20　设置厚度

图 6-21　绘制墙体

可以使用 3 种方法来放置墙。

● 绘制墙：使用默认的"线"工具可通过在图形中指定起点和终点来放置墙分段；或者可以指定起点，沿所需方向拖曳鼠标指针，然后输入墙长度值。

● 沿着现有的线放置墙：使用"拾取线"工具可以沿在图形中选择的线来放置墙分段。线可以是模型线、参照平面或图元（如屋顶、幕墙嵌板和其他墙）边缘。

● 将墙放置在现有面上：使用"拾取面"工具可以将墙放置于在图形中选择的体量面或常规模型面上。

图 6-22　绘制外墙

6.2.2　绘制隔断墙

隔断墙的具体绘制步骤如下。

（1）单击"建筑"选项卡→"构建"面板→"墙"按钮，打开"修改 | 放置 墙"选项卡和选项栏。在"属性"选项板的类型下拉列表中选择"基本墙 常规 - 200mm"类型，设置"定位线"为"面层面：外部"，"底部约束"为"1F"，"顶部约束"为"直到标高：2F"，其他采用默认设置，如图 6-23 所示。

（2）在视图中绘制楼梯间隔断，与外墙对齐，且楼梯间的宽度为"2650"，如图 6-24 所示。

（3）单击"建筑"选项卡→"构建"面板→"墙"按钮，打开"修改 | 放置 墙"选项卡和选项栏。在"属性"选项板的类型下拉列表中选择"基本墙 内部 -138mm 隔断 (1 小时)"类型，设置"定位线"为"面层面：外部"，"底部约束"为"1F"，"顶部约束"为"直到标高：2F"，其他采用默认设置，如图 6-25 所示。

（4）在视图中绘制房间隔断，具体位置和尺寸如图 6-26 所示。

图 6-23　"属性"选项板

图 6-24　绘制楼梯间隔断

图 6-25　"属性"选项板

图 6-26　绘制房间隔断

6.3　绘制幕墙

　　幕墙是建筑物的外墙围护，不承受主体结构载荷，像幕布一样挂上去，故又称为悬挂墙，是大型和高层建筑常用的带有装饰效果的轻质墙体，通常由结构框架与镶嵌板材组成。

6.3.1 绘制内部幕墙隔断

内部幕墙隔断的具体绘制步骤如下。

（1）在项目浏览器中选择"族"→"幕墙竖梃"→"矩形竖梃"→"50×150mm"，单击鼠标右键，打开快捷菜单，如图 6-27 所示。单击"类型属性"命令，打开"类型属性"对话框。

（2）单击"材质"栏中的 按钮，打开"材质浏览器"对话框，在"金属-铝-白色"材质上单击鼠标右键，弹出图 6-28 所示的快捷菜单，单击"复制"命令，复制材质，然后在复制材质上单击鼠标右键，在弹出的快捷菜单中单击"重命名"命令，更改材质名称为"金属-铝-黑色"。

图 6-27　快捷菜单

图 6-28　重命名材质

（3）在"材质浏览器"对话框中的"外观"选项卡中单击"颜色"文本框，打开"颜色"对话框，选择"黑色"，如图 6-29 所示。单击"确定"按钮，返回"材质浏览器"对话框。

图 6-29　设置材质的颜色

（4）在"图形"选项卡中勾选"使用渲染外观"复选框，在"截面填充图案"选项组中的前景图案栏中单击，打开"填充样式"对话框，选择"无填充图案"，如图 6-30 所示。单击"确定"按钮，返回"材质浏览器"对话框，单击"确定"按钮，完成"金属-铝-黑色"材质的创建。

（5）单击"建筑"选项卡→"构建"面板→"墙"按钮 ，打开"修改|放置 墙"选项卡和选项栏。在"属性"选项板的类型下拉列表中选择"幕墙"类型，设置"底部约束"为"1F"，"顶部约束"为"直到标高：2F"，其他采用默认设置，如图 6-31 所示。

图 6-30　设置材质的图形

（6）在"属性"选项板中单击"编辑类型"按钮，打开"类型属性"
对话框。单击"复制"按钮，新建"内幕墙"类型。设置"功能"为"内
部"，勾选"自动嵌入"复选框，在"幕墙嵌板"下拉列表中选择"系统
嵌板：玻璃"，在"连接条件"下拉列表中选择"垂直网格连续"，设置垂
直网格的"布局"为"最大间距"，"间距"为"1500"，设置水平网格的
"布局"为"固定距离"，"间距"为"2400"。然后分别设置垂直竖梃和水
平竖梃的"内部类型""边界 1 类型"以及"边界 2 类型"都为"矩形竖梃：
50×150mm"，其他采用默认设置，如图 6-32 所示。单击"确定"按钮，完
成内幕墙的设置。

"类型属性"对话框中的选项说明如下。

● 功能：可将墙设置为"外部""内部""基础墙""挡土墙""檐底
板""核心竖井"等类别。

● 自动嵌入：勾选此复选框，表示幕墙自动嵌入墙中。

● 幕墙嵌板：设置幕墙图元的幕墙嵌板族类型。

● 连接条件：控制在某个幕墙图元类型中在交点处截断哪些竖梃。

图 6-31　"属性"选项板

● 布局：沿幕墙长度设置幕墙网格线的自动垂直 / 水平布局，包括
"固定距离""固定数量""最大间距"和"最小间距"4 种类型。

✓ 固定距离：表示根据垂直 / 水平间距指定的确切值来放置幕墙网格。如果墙的长度不
能被此间距整除，则 Revit 会根据对正参数在墙的一端或两端插入一段距离。

✓ 固定数量：表示可以为不同的幕墙实例设置不同数量的幕墙网格。

✓ 最大间距：表示幕墙网格沿幕墙的长等间距放置，其最大间距为指定的垂直 / 水平间
距值。

✓ 最小间距：表示幕墙网格沿幕墙的长等间距放置，其最小间距为指定的垂直 / 水平间
距值。

图 6-32　设置幕墙参数

● 间距：当"布局"设置为"固定距离"或"最大间距"时启用。如果将布局设置为"固定距离"，则 Revit 将使用确切的"间距"值；如果将布局设置为"最大间距"，则 Revit 将使用不大于指定值的值对网格进行布局。

● 调整竖梃尺寸：调整从动网格线的位置，以确保幕墙嵌板的尺寸相等（如果可能）。

● 垂直竖梃。

    ✓ 内部类型：指定内部垂直竖梃的竖梃族。

    ✓ 边界 1 类型：指定左边边界上垂直竖梃的竖梃族。

    ✓ 边界 2 类型：指定右边边界上垂直竖梃的竖梃族。

● 水平竖梃。

    ✓ 内部类型：指定内部水平竖梃的竖梃族。

    ✓ 边界 1 类型：指定左边边界上水平竖梃的竖梃族。

    ✓ 边界 2 类型：指定右边边界上水平竖梃的竖梃族。

（7）在视图中的楼梯间和自助餐厅处绘制幕墙隔断，具体位置和尺寸如图 6-33 所示。

提示　　　绘制幕墙时也可以先绘制幕墙，然后添加幕墙网格，最后根据幕墙网格创建竖梃。

（8）在"属性"选项板中单击"编辑类型"按钮，打开"类型属性"对话框。单击"复制"按钮，在"内幕墙"的基础上新建"外幕墙"，设置功能为"外部"，设置垂直网格的"布局"为"固定距离"，"间距"为"2000"，设置水平网格的"布局"为"固定距离"，"间距"为"1265"，其他设置与内幕墙的设置一样，如图 6-34 所示。单击"确定"按钮，完成外幕墙的设置。

（9）在进门的大厅处绘制玻璃幕墙隔断，如图 6-35 所示。

图 6-33　绘制幕墙隔断

图 6-34　"外幕墙"类型设置

图 6-35　绘制幕墙隔断

6.3.2　绘制外幕墙

外幕墙的具体绘制步骤如下。

（1）单击"建筑"选项卡→"构建"面板→"墙"按钮 🗔，打开"修改 | 放置 墙"选项卡和选项栏。在"属性"选项板的类型下拉列表中选择"基本墙 常规 -225mm 砌体"类型，设置"定位线"为"墙中心线"，"底部约束"为"1F"，"顶部约束"为"直到标高：2F"，其他采用默认设置，如图 6-36 所示。

（2）在"属性"选项板中单击"编辑类型"按钮，打开"类型属性"对话框。单击"复制"按钮，打开"名称"对话框，新建名称为"常规 - 225mm 混凝土"的类型，如图 6-37 所示。单击"确定"按钮，返回"类型属性"对话框，单击"结构"栏中的"编辑"按钮。

图 6-36 "属性"选项板

图 6-37 新建墙体类型

（3）打开"编辑部件"对话框，单击"材质"栏中的 按钮，打开"材质浏览器"对话框，选择"混凝土 - 现场浇注混凝土"材质。在"图形"选项卡中勾选"使用渲染外观"复选框，其他采用默认设置，如图 6-38 所示。单击"确定"按钮，返回"编辑部件"对话框，继续单击"确定"按钮，完成"常规 - 225mm 混凝土"墙体类型的创建。

图 6-38 设置结构层的材质

（4）在走廊上绘制外幕墙支撑，具体尺寸如图 6-39 所示。

（5）单击"建筑"选项卡→"构建"面板→"墙"按钮 ，打开"修改 | 放置 墙"选项卡和选项栏。在"属性"选项板的类型下拉列表中选择"幕墙外幕墙"类型，设置"底部约束"为"1F"，"顶部约束"为"直到标高：2F"，其他采用默认设置。

（6）沿着建筑物创建玻璃幕墙，如图 6-40 所示。

图 6-39　绘制支撑墙　　　　　　　　　　图 6-40　绘制玻璃幕墙

（7）在"属性"选项板中单击"编辑类型"按钮，打开"类型属性"对话框。单击"复制"按钮，在"外幕墙"的基础上新建"外幕墙 2"类型，设置"功能"为"外部"，设置垂直网格的"间距"为"2440"，设置水平网格的"间距"为"610"，其他设置与外幕墙的设置一样，如图 6-41 所示。单击"确定"按钮，完成外幕墙 2 的设置。

（8）在"属性"选项板中设置垂直网格的对正方式为"中心"，如图 6-42 所示。

（9）绘制休息室外侧的幕墙，如图 6-43 所示。

（10）从图 6-43 中可以看出，幕墙在连接处的连接线不对 。选择休息室外侧任意幕墙，在"属性"选项板中单击"编辑类型"按钮，打开"类型属性"对话框。设置"垂直竖梃"选项组中的"边界 1 类型"和"边界 2 类型"为"无"，如图 6-44 所示。单击"确定"按钮，更改后的幕墙如图 6-45 所示。

（11）在项目浏览器中的三维视图节点下双击"3D"字样，将视图切换至三维视图。

图 6-41　"外幕墙 2"类型设置

（12）单击"建筑"选项卡→"构建"面板→"竖梃"按钮，打开"修改|放置 竖梃"选项卡和选项栏，如图 6-46 所示。

图 6-42 "属性"选项板

图 6-43 绘制幕墙

图 6-44 "类型属性"对话框

图 6-45 更改后的幕墙

图 6-46 "修改 | 放置 竖梃"选项卡和选项栏

● 网格线:单击绘图区域中的网格线时,使用此工具将跨整个网格线放置竖梃。

● 单段网格线:单击绘图区域中的网格线时,使用此工具将在单击的网格线的各段上放置竖梃。

● 全部网格线：单击绘图区域中的任何网格线时，使用此工具将在所有网格线上放置竖梃。

（13）在"属性"选项板的类型下拉列表中选择"L 形角竖梃 L 形竖梃 1"类型，如图 6-47 所示。

（14）单击"编辑类型"按钮，打开"类型属性"对话框。单击"材质"栏中的 ... 按钮，打开"材质浏览器"对话框。选择"金属 - 铝 - 黑色"材质，单击"确定"按钮，返回"类型属性"对话框，其他采用默认设置，如图 6-48 所示。

图 6-47 选择类型

图 6-48 "类型属性"对话框

（15）在视图中拾取幕墙的网格线，如图 6-49 所示。添加 L 形竖梃，如图 6-50 所示。

图 6-49 拾取网格线

图 6-50 添加竖梃

知识点——竖梃类型

● L 形角竖梃：幕墙嵌板或玻璃斜窗与竖梃的支脚端部相交，如图 6-51 所示。可以通过在竖梃的类型属性中指定竖梃支脚的长度和厚度来创建 L 形角竖梃。

● V 形角竖梃：幕墙嵌板或玻璃斜窗与竖梃的支脚侧边相交，如图 6-52 所示。可以通过在竖梃的类型属性中指定竖梃支脚的长度和厚度来创建 V 形角竖梃。

● 梯形角竖梃：幕墙嵌板或玻璃斜窗与竖梃的侧边相交，如图 6-53 所示。可以通过在竖梃的类型属性中指定沿着与嵌板相交的侧边的中心宽度和长度来创建梯形角竖梃。

图 6-51　L 形角竖梃　　　　图 6-52　V 形角竖梃　　　　图 6-53　梯形角竖梃

● 四边形角竖梃：幕墙嵌板或玻璃斜窗与竖梃的支脚侧边相交。如果两个竖梃部分相等并且连接角度不是 90°角，则竖梃会呈现出风筝的形状，如图 6-54 所示。如果连接角度为 90°角并且各部分不相等，则竖梃是矩形的，如图 6-55 所示。如果两个竖梃部分相等并且连接角度为 90°角，则竖梃是正方形的，如图 6-56 所示。

图 6-54　四边形角竖梃（风筝形）　　图 6-55　四边形角竖梃（矩形）　　图 6-56　四边形角竖梃（方形）

● 矩形竖梃：常作为幕墙嵌板之间的分隔或幕墙边界，可以通过定义角度、偏移、轮廓、位置和其他属性来创建矩形竖梃，如图 6-57 所示。

● 圆形竖梃：常作为幕墙嵌板之间的分隔或幕墙边界，可以通过定义竖梃的半径以及与幕墙嵌板的偏移距离来创建圆形竖梃，如图 6-58 所示。

图 6-57　矩形竖梃　　　　　　图 6-58　圆形竖梃

第 7 章
其他层的主体建筑绘制

知识导引

　　本章在上一章的基础上继续绘制培训大楼的二、三层主体
建筑。

7.1 绘制外墙

外墙的具体绘制步骤如下。

（1）在视图中选择任意段外墙，在"属性"选项板中更改"顶部约束"为"直到标高：4F"，如图7-1所示。

（2）采用相同的方式，更改其他外墙的"顶部约束"为"直到标高：4F"。

（3）选择任意段外幕墙，在"属性"选项板中更改"顶部约束"为"直到标高：4F"，如图7-2所示。

图7-1　更改墙参数1

图7-2　更改墙参数2

（4）采用相同的方式，更改其他外幕墙的"顶部约束"为"直到标高：4F"。

（5）选择视图中的225mm混凝土墙体，在"属性"选项板中更改"顶部约束"为"直到标高：4F"，如图7-3所示。

（6）选择休息室外侧的3面幕墙，在"属性"选项板中更改"顶部约束"为"未连接"，输入"无连接高度"为"6600"，如图7-4所示。

图7-3　更改墙参数3

图7-4　更改墙参数4

（7）更改后的结果如图 7-5 所示。

图 7-5　更改结果

7.2　绘制二层结构柱和墙体

7.2.1　绘制外幕墙

外幕墙的具体绘制步骤如下。

（1）将视图切换至 2F 楼层平面，并调整轴线。

（2）单击"建筑"选项卡→"构建"面板→"墙"按钮，打开"修改 | 放置 墙"选项卡和选项栏。在"属性"选项板的类型下拉列表中选择"幕墙 外幕墙"类型，设置"底部约束"为"2F"，"顶部约束"为"直到标高：4F"，其他采用默认设置，如图 7-6 所示。

（3）在视图中的楼梯间外墙上绘制幕墙，如图 7-7 所示。

图 7-6　"属性"选项板

图 7-7　绘制外幕墙

7.2.2　布置结构柱

结构柱的具体绘制步骤如下。

（1）单击"建筑"选项卡→"构建"面板→"柱"▮下拉列表→"结构柱"按钮▮，打开"修改 | 放置 结构柱"选项卡和选项栏，在选项栏中设置高度"3F"。

（2）在"属性"选项板中选择"混凝土 - 圆形 - 柱 300mm"类型，在与一层相同的位置布置结构柱，如图 7-8 所示。

（3）选择第（2）步布置的结构柱，在"属性"选项板中更改"底部标高"为"2F"，"顶部标高"为"3F"，"顶部偏移"为"−150"，如图 7-9 所示。

图 7-8　布置结构柱　　　　　　　　　　　图 7-9　"属性"选项板

7.2.3　绘制楼梯间隔断

楼梯间隔断的具体绘制步骤如下。

（1）单击"建筑"选项卡→"构建"面板→"墙"按钮▮，打开"修改 | 放置 墙"选项卡和选项栏。在"属性"选项板的类型下拉列表中选择"基本墙 常规 - 200mm"类型，设置"定位线"为"墙中心线"，"底部约束"为"2F"，"顶部约束"为"直到标高: 3F"，其他采用默认设置，如图 7-10 所示。

（2）在视图中绘制楼梯间隔断，位置与一层的相同，如图 7-11 所示。

图 7-10　"属性"选项板　　　　　　　　　　图 7-11　绘制楼梯间隔断

7.2.4　绘制房间隔断

房间隔断的具体绘制步骤如下。

（1）单击"建筑"选项卡→"构建"面板→"墙"按钮 ，打开"修改 | 放置 墙"选项卡和选项栏。在"属性"选项板的类型下拉列表中选择"基本墙内部 -138mm 隔断 (1 小时)"类型，设置"定位线"为"墙中心线"，"底部约束"为"2F"，"顶部约束"为"直到标高：3F"，其他采用默认设置，如图 7-12 所示。

（2）在视图中绘制二层的房间隔断，如图 7-13 所示。

图 7-12　"属性"选项板

图 7-13　绘制房间隔断

7.2.5　绘制内幕墙隔断

内幕墙隔断的具体绘制步骤如下。

（1）单击"建筑"选项卡→"构建"面板→"墙"按钮 ，打开"修改 | 放置 墙"选项卡和选项栏。在"属性"选项板的类型下拉列表中选择"幕墙 内幕墙"类型，设置"底部约束"为"2F"，"顶部约束"为"直到标高：3F"，其他采用默认设置，如图 7-14 所示。

（2）在视图中绘制二层的内幕墙隔断，如图 7-15 所示。

图 7-14 "属性"选项板

图 7-15 绘制内幕墙隔断

7.3 绘制三层结构柱和墙体

7.3.1 绘制外幕墙和结构柱

外幕墙和结构柱的具体绘制步骤如下。

（1）将视图切换至 3F 楼层平面，并调整轴线。

（2）单击"建筑"选项卡→"构建"面板→"柱" 下拉列表→"结构柱"按钮，打开"修改|放置 结构柱"选项卡和选项栏。在"选项"栏中设置"高度"为"4F"。

（3）在"属性"选项板中选择"混凝土 - 圆形 - 柱 300mm"类型，在与一层相同的位置布置结构柱，如图 7-16 所示。

图 7-16 布置结构柱

（4）单击"建筑"选项卡→"构建"面板→"墙"按钮🗁，打开"修改 | 放置 墙"选项卡和选项栏。在"属性"选项板的类型下拉列表中选择"幕墙 外幕墙"类型，设置"底部约束"为"2F"，"顶部约束"为"直到标高：4F"，其他采用默认设置，如图 7-17 所示。

（5）在视图中绘制外幕墙，如图 7-18 所示。

图 7-17　"属性"选项板

图 7-18　绘制外幕墙

7.3.2　绘制楼梯间隔断

楼梯间隔断的具体绘制步骤如下。

（1）单击"建筑"选项卡→"构建"面板→"墙"按钮🗁，打开"修改 | 放置 墙"选项卡和选项栏。在"属性"选项板的类型下拉列表中选择"基本墙 常规 - 200mm"类型，设置"定位线"为"墙中心线"，"底部约束"为"3F"，"顶部约束"为"直到标高：4F"，其他采用默认设置，如图 7-19 所示。

（2）在视图中绘制楼梯间隔断，位置与一层的相同，如图 7-20 所示。

图 7-19　"属性"选项板

图 7-20　绘制楼梯间隔断

7.3.3 绘制房间隔断

房间隔断的具体绘制步骤如下。

（1）单击"建筑"选项卡→"构建"面板→"墙"按钮🗋，打开"修改 | 放置墙"选项卡和选项栏。在"属性"选项板的类型下拉列表中选择"基本墙 内部 - 138mm 隔断 (1 小时)"类型，设置"定位线"为"墙中心线"，"底部约束"为"3F"，"顶部约束"为"直到标高：4F"，其他采用默认设置，如图 7-21 所示。

（2）在视图中绘制三层的房间隔断，如图 7-22 所示。

图 7-21 "属性"选项板

图 7-22 绘制房间隔断

7.3.4 绘制内幕墙隔断

内幕墙隔断的具体绘制步骤如下。

（1）单击"建筑"选项卡→"构建"面板→"墙"按钮🗋，打开"修改 | 放置 墙"选项卡和选项栏。在"属性"选项板的类型下拉列表中选择"幕墙 内幕墙"类型，设置"底部约束"为"3F"，"顶部约束"为"直到标高：4F"，其他采用默认设置，如图 7-23 所示。

（2）在视图中绘制三层楼梯间的内幕墙隔断，如图 7-24 所示。

图 7-23 "属性"选项板

图 7-24 绘制内幕墙隔断

第 8 章
楼板设计

知识导引

　　楼板、天花板是建筑的普遍构成要素，本章介绍培训大楼的楼板和天花板的创建过程。

8.1 绘制楼板

楼板是一种分隔承重构件，楼板层中的承重部分，它将房屋在垂直方向上分隔为若干层，并把人和家具的重量等竖向荷载，以及楼板自重通过墙体、梁或柱传递给基础。

8.1.1 绘制一层楼板

一层楼板的具体绘制步骤如下。

（1）将视图切换至 1F 楼层平面。

（2）单击"建筑"选项卡→"构建"面板→"楼板" 下拉列表→"楼板：建筑"按钮，打开"修改 | 创建楼层边界"选项卡和选项栏，如图 8-1 所示。

图 8-1 "修改 | 创建楼层边界"选项卡和选项栏

（3）在"属性"选项板中选择"楼板 常规 - 150mm"类型，如图 8-2 所示。"属性"选项板中的选项说明如下。

- 标高：将楼板约束到某一标高。
- 自标高的高度偏移：指定楼板顶部相对于标高参数的高程。
- 房间边界：勾选此复选框，指定楼板作为房间边界图元。
- 与体量相关：勾选此复选框，指定此图元是从体量图元创建的。
- 结构：勾选此复选框，指定此图元有一个分析模型。
- 启用分析模型：勾选此复选框，可以显示分析模型，并将它包含在分析计算中，默认情况下勾选此复选框。
- 周长：设置楼板的周长。
- 面积：指定楼板的面积。
- 顶部高程：指示对楼板顶部进行标记的高程。这是一个只读属性，它报告倾斜平面的变化。

（4）单击"编辑类型"按钮 ，打开"类型属性"对话框。单击"复制"按钮，打开"名称"对话框，输入名称为"混凝土 - 100mm"，如图 8-3 所示。

"类型属性"对话框的部分选项说明如下。

- 结构：单击"编辑"按钮，打开"编辑部件"对话框，可以创建复合楼板。
- 默认的厚度：指定楼板类型的厚度，通过累加楼板层的厚度得出。
- 功能：指示楼板是内部的还是外部的。
- 粗略比例填充样式：指定粗略比例视图中楼板的填充样式。
- 粗略比例填充颜色：为粗略比例视图中的楼板填充图案选择颜色。
- 结构材质：为图元结构指定材质。此信息可包含于明细表中。
- 传热系数 (U)：用于计算热传导，通常会随流体和实体之间的对流和阶段变化。
- 热质量：对建筑图元蓄热能力进行测量的一个值，是每个材质层质量和指定热容量的乘积。

图 8-2　"属性"选项板

图 8-3　"类型属性"对话框

● 吸收率：对建筑图元吸收辐射能力进行测量的一个值，是吸收的辐射与总辐射的比率。

● 粗糙度：表示材料表面粗糙程度的一个指标，其取值范围为从"1"到"6"（其中"1"表示粗糙，"6"表示平滑，"3"则是大多数建筑材质的典型粗糙度），用于确定许多常用热计算和模拟分析工具中的气垫阻力值。

（5）单击"编辑"按钮，打开"编辑部件"对话框，如图 8-4 所示。单击"结构［1］"栏"材质"列表中的 ... 按钮，打开"材质浏览器"对话框。选择"混凝土 - 现场浇注混凝土"材质，并勾选"使用渲染外观"复选框，其他采用默认设置，如图 8-5 所示。单击"确定"按钮，返回"编辑部件"对话框，更改"厚度"为"100"，单击"确定"按钮。

图 8-4　"编辑部件"对话框

图 8-5　"材质浏览器"对话框

（6）单击"绘制"面板→"边界线"按钮 /"线"按钮 ，绘制楼板边界线，形成封闭区域，如图 8-6 所示。

（7）单击"模式"面板→"完成编辑模式"按钮 ，完成一层楼板的创建，结果如图 8-7 所示。

图 8-6　绘制楼板边界

图 8-7　绘制一层楼板

8.1.2　绘制一层楼板边

可以通过选择楼板的水平边缘来添加楼板边缘。

具体绘制步骤如下。

（1）将视图切换到三维视图。

（2）单击"建筑"选项卡→"构建"面板→"楼板" 下拉列表→"楼板：楼板边"按钮 ，
打开"修改 | 放置楼板边缘"选项卡和选项栏，如图 8-8 所示。

图 8-8　"修改 | 放置楼板边缘"选项卡和选项栏

（3）在"属性"选项板中单击"编辑类型"按钮 ，打
开图 8-9 所示的"类型属性"对话框。在"轮廓"下拉列表
中选择"楼板边缘 - 加厚：600×300mm"类型，单击"材质"
栏中的 按钮，打开"材质浏览器"对话框。选择"混凝土 -
现场浇注混凝土"材质，并勾选"使用渲染外观"复选框，
其他采用默认设置，单击"确定"按钮。

"类型属性"对话框中的选项说明如下。

* 轮廓：设置特定楼板边缘的轮廓形状。
* 材质：可以采用多种方式指定楼板边缘的外观。
* 注释记号：添加或编辑楼板边缘注释记号。
* 制造商：楼板边缘的制造商。
* 类型注释：用于放置有关楼板边缘类型的一般注释的
字段。
* URL：指向可能包含类型专有信息的网页的链接。
* 说明：可以在此文本框中输入楼板边缘的说明。

图 8-9　"类型属性"对话框

- 部件说明：基于所选部件代码描述部件。
- 部件代码：从层级列表中选择的统一格式部件代码。
- 类型标记：为楼板边缘创建的标签。对于项目中的每个图元，此值都必须是唯一的，如果此数值已被使用，则 Revit 会发出警告信息，但允许继续使用它。

（4）在视图中选择一层楼板下端水平边缘线，单击放置楼板边缘，如图 8-10 所示。

（5）分别单击"使用垂直轴翻转轮廓"按钮 ✍ 和"使用水平轴翻转轮廓"按钮 ▮，调整楼板边缘的方向。

（6）继续单击放置楼板边缘，Revit 会将其作为一个连续的楼板边缘。如果楼板边缘的线段在角部相遇，它们会相互斜接，如图 8-11 所示。

图 8-10　放置楼板边缘

图 8-11　创建楼板边缘

8.1.3　绘制一层外楼板

一层外楼板的具体绘制步骤如下。

（1）将视图切换至 1F 楼层平面。

（2）单击"建筑"选项卡→"构建"面板→"楼板" 🔲 下拉列表→"楼板：建筑"按钮 🔲，打开"修改 | 创建楼层边界"选项卡和选项栏。

（3）在"属性"选项板中选择"混凝土 -100mm"类型，单击"编辑类型"按钮 🔡，打开"类型属性"对话框。单击"复制"按钮，新建"木地板"类型。

（4）单击"编辑"按钮，打开"编辑部件"对话框。单击"插入"按钮，插入新层，单击"向上"按钮，将其放置在最上层，并将功能更改为"面层 2［5］"。

（5）单击面层 2［5］中的材质，打开"材质浏览器"对话框。在 Autodesk 材质库中选择木材，在列表中选择"木地板"，然后单击"将材质添加到文档中"按钮 🔼，将木地板材质添加到项目材质列表，并选择该材质。

（6）在"图形"选项卡中勾选"使用渲染外观"复选框，单击"表面填充图案"选项组前景中的"图案"栏，打开"填充样式"对话框，选择"分区 13"图案，如图 8-12 所示。单击"确定"按钮，返回"材质浏览器"对话框。

（7）单击"截面填充图案"选项组前景中的"图案"栏，打

图 8-12　"填充样式"对话框

开"填充样式"对话框,选择"垂直"图案,单击"确定"按钮,返回"材质浏览器"对话框。采用默认设置,如图 8-13 所示,单击"确定"按钮。

图 8-13 "材质浏览器"对话框

(8)返回"编辑部件"对话框,输入面层 2〔5〕的"厚度"为"40",连续单击"确定"按钮。

(9)单击"绘制"面板→"边界线"按钮 /"线"按钮 ,绘制楼板边界线,形成封闭区域,结果如图 8-14 所示。

(10)单击"模式"面板→"完成编辑模式"按钮 ,完成一层外楼板的创建,结果如图 8-15 所示。

图 8-14 绘制楼板边界线　　　　图 8-15 绘制一层的外楼板

8.1.4 绘制二、三层楼板

二、三层楼板的具体绘制步骤如下。

(1)将视图切换至 2F 楼层平面。

（2）单击"建筑"选项卡→"构建"面板→"楼板" 下拉列表→"楼板：建筑"按钮，打开"修改 | 创建楼层边界"选项卡和选项栏。

（3）在"属性"选项板中选择"木地板"类型，单击"编辑类型"按钮，打开"类型属性"对话框。单击"复制"按钮，新建"空心板 - 混凝土面层"类型。

（4）单击"编辑"按钮，打开"编辑部件"对话框，将面层 2 [5]"功能"更改为"衬底 [2]"，设置"材质"为"水泥砂浆"，"厚度"为"50"。

（5）单击"插入"按钮，插入新层，单击"向上"按钮，将其放置在最上层，并将"功能"更改为"面层 1 [4]"。

（6）单击面层 1 [4] 中的材质，打开"材质浏览器"对话框。在 Autodesk 材质库中选择织物，在列表中选择"地毯"，然后单击"将材质添加到文档中"按钮，将地毯材质添加到项目材质列表，并选择该材质。

（7）在"图形"选项卡的"着色"选项组中单击"颜色"文本框，打开"颜色"对话框。自定义颜色后，单击"添加"按钮，添加自定义颜色，如图 8-16 所示。选择添加的自定义颜色，单击"确定"按钮。

（8）单击"表面填充图案"选项组前景中的"图案"栏，打开"填充样式"对话框，选择"沙"图案，如图 8-17 所示。单击"确定"按钮，返回"材质浏览器"对话框，其他采用默认设置，如图 8-18 所示。单击"确定"按钮。

图 8-16 "颜色"对话框

图 8-17 "填充样式"对话框

（9）返回"编辑部件"对话框，输入面层 1[4] 的"厚度"为"10"，结构 [1] 的厚度为"200"，如图 8-19 所示。连续单击"确定"按钮。

（10）单击"绘制"面板→"边界线"按钮 /"线"按钮 /"起点 - 终点 - 半径弧"按钮，绘制楼板边界线，形成封闭区域，结果如图 8-20 所示。

（11）单击"模式"面板→"完成编辑模式"按钮，打开图 8-21 所示的提示对话框。单击"附着"按钮，完成二层楼板的绘制，结果如图 8-22 所示。

图 8-18 "材质浏览器"对话框

图 8-19 "编辑部件"对话框

图 8-20 绘制二层的楼板边界线

（12）将视图切换至 3F 楼层平面。

（13）单击"建筑"选项卡→"构建"面板→"楼板"
下拉列表→"楼板：建筑"按钮，打开"修改|创建楼层
边界"选项卡和选项栏。在"属性"选项板中选择"空心板 -
混凝土面层"类型。

（14）单击"绘制"面板→"边界线"按钮 /"线"
按钮 ，绘制楼板边界线，形成封闭区域，如图 8-23 所示。

图 8-21 提示对话框

（15）单击"模式"面板→"完成编辑模式"按钮 ，打开提示对话框。单击"附着"按钮，
完成三层楼板的绘制，结果如图 8-24 所示。

图 8-22 绘制二层楼板

图 8-23 绘制三层楼板边界线

图 8-24 绘制三层楼板

8.2 绘制天花板

天花板是基于标高的图元，绘制天花板是在其所在标高以上指定距离处进行的。

8.2.1 绘制一层天花板

一层天花板的具体绘制步骤如下。

（1）将视图切换至 1F 天花板平面，调整轴线。

（2）单击"建筑"选项卡→"构建"面板→"天花板"按钮，打开"修改|放置 天花板"选项卡和选项栏，如图 8-25 所示。

图 8-25 "修改|放置 天花板"选项卡和选项栏

（3）在"属性"选项板中选择"复合天花板 600×600mm 轴网"类型，设置"自标高的高度偏移"为"2600"，如图 8-26 所示。

"属性"选项板中的选项说明如下。

- 标高：指明放置此天花板的标高。
- 自标高的高度偏移：指定天花板顶部相对于标高参数的高程。
- 房间边界：指定天花板是否作为房间边界图元。
- 坡度：将坡度定义线修改为指定值，而无须编辑草图。如果有一条坡度定义线，则此参数最初会显示一个值。如果没有坡度定义线，则此参数值为空并被禁用。
- 周长：设置天花板的周长。
- 面积：设置天花板的面积。
- 注释：显示用户输入或从下拉列表中选择的注释。输入注释后，便可以为同一类别中图元的其他实例选择该注释，无须考虑类型或族。
- 标记：按照用户所指定的那样标识或枚举特定实例。

（4）单击"编辑类型"按钮，打开"类型属性"对话框。单击"编辑"按钮，打开"编辑部件"对话框，单击面层 2 [5] 中的按钮，打开"材质浏览器"对话框。单击"表面填充图案"选项组前景中的"图案"栏，打开"填充样式"对话框。选择"模型"单选项，然后选择"直缝 600×600mm"填充样式，如图 8-27 所示。连续单击"确定"按钮，完成对"复合天花板 600×600mm 轴网"类型的更改。

（5）单击"天花板"面板→"自动创建天花板"按钮（默认状态下，系统会激活这个按钮），分别拾取房间的边界绘制复合天花板，如图 8-28 所示。

图 8-26 "属性"选项板

图 8-27 "填充样式"对话框

图 8-28 绘制复合天花板

（6）单击"天花板"面板→"绘制天花板"按钮，打开"修改|创建天花板边界"选项卡和选项栏，单击"绘制"面板→"边界线"按钮／"线"按钮／"起点 - 终点 - 半径弧"按钮，绘制图 8-29 所示的天花板边界。

（7）单击"模式"面板→"完成编辑模式"按钮，完成天花板的创建，如图 8-30 所示。

（8）重复"天花板"命令，在"属性"选项板中选择"复合天花板 - 光面"类型。单击"天花板"面板→"自动创建天花板"按钮，拾取房间边界，绘制图 8-31 所示的天花板。

图 8-29　绘制天花板边界　　　　图 8-30　绘制天花板

图 8-31　绘制天花板

8.2.2　绘制二层天花板

二层天花板的具体绘制步骤如下。

（1）将视图切换至 2F 天花板平面，调整轴线。

（2）单击"建筑"选项卡→"构建"面板→"天花板"按钮，打开"修改|放置 天花板"选项卡。

（3）在"属性"选项板中选择"复合天花板 600×600mm 轴网"类型，设置"自标高的高度偏移"为"2600"。

（4）单击"天花板"面板→"自动创建天花板"按钮 ／"绘制天花板"按钮，绘制复合天花板，如图 8-32 所示。

（5）单击"建筑"选项卡→"构建"面板→"天花板"按钮，打开"修改|放置 天花板"选项卡。

（6）在"属性"选项板中选择"复合天花板 - 光面"类型，设置"自标高的高度偏移"为"2600"。单击"编辑类型"按钮，打开"类型属性"对话框。新建"贴条吊顶"类型，单击"编辑"按钮，打开图 8-33 所示的"编辑部件"对话框，更改结构［1］的"厚度"分别为"22""16"，连续单击"确定"按钮。

（7）单击"天花板"面板→"自动创建天花板"按钮，绘制走廊上的复合天花板，如图 8-34 所示。

（8）单击"插入"选项卡"从库中载入"面板→"载入族"按钮，打开"载入族"对话框。选择"Chinese"→"建筑"→"照明设备"→"吊灯"文件夹→"悬挂式长条状 2.rfa"族文件，如图 8-35 所示。单击"打开"按钮，打开该族文件。

图 8-32　绘制房间天花板

图 8-33　"编辑部件"对话框

图 8-34　走廊天花板

图 8-35　"载入族"对话框

（9）单击"建筑"选项卡→"构建"面板→"构件" 下拉列表→"放置构件"按钮 ，在"属性"选项板中选择"悬挂式长条状 2-2400mm"类型。

（10）将吊灯放置在走廊吊顶的适当位置，如图 8-36 所示。

（11）单击"修改"选项卡→"修改"面板→"旋转"按钮 ，将第（10）步布置的吊灯旋转90°，结果如图 8-37 所示。

图 8-36　放置吊灯

图 8-37　旋转吊灯

（12）重复第（9）～（11）步，布置另一个吊灯，并调整两个吊灯的位置，如图 8-38 所示。

（13）单击"修改"选项卡→"修改"面板→"阵列"按钮 ，在视图中选中两个吊灯，按 Enter 键确认。打开选项栏，单击"线性"按钮 ，选择"第二个"单选项，如图 8-39 所示。

（14）选择灯的下端点为起点，向下移动，当临时尺寸显示为"4500"时，单击然后输入项目数为"7"，按 Enter 键确认，完成吊灯的阵列，如图 8-40 所示。

图 8-38　布置另一个吊灯

图 8-39　"阵列"选项栏

图 8-40　阵列吊灯

8.2.3　绘制三层天花板

三层天花板的具体绘制步骤如下。

（1）将视图切换至 3F 天花板平面，调整轴线。

（2）单击"建筑"选项卡→"构建"面板→"天花板"按钮 ，打开"修改 | 放置 天花板"选项卡和选项栏。

（3）在"属性"选项板中选择"复合天花板 600×600mm 轴网"类型，输入"自标高的高度偏移"为"2600"。

（4）单击"天花板"面板→"自动创建天花板"按钮 ，绘制房间的复合天花板，如图 8-41 所示。

图 8-41　绘制房间天花板

（5）单击"建筑"选项卡→"构建"面板→"天花板"按钮 ，打开"修改 | 放置 天花板"选项卡和选项栏。

（6）在"属性"选项板中选择"复合天花板 - 贴条吊顶"类型，输入"自标高的高度偏移"为"3760"。

（7）单击"天花板"面板→"绘制天花板"按钮 ，绘制走廊的复合天花板，如图 8-42 所示。

（8）重复第 8.2.2 小节的第（9）～（14）步，绘制三层天花板上的吊灯，如图 8-43 所示。

图 8-42　绘制走廊天花板

图 8-43　绘制三层的吊灯

第 9 章
创建门窗族

知识导引

　　族是 Revit 软件中的一个非常重要的构成要素。它是一个包含通用属性（称作参数）集和相关图形表示的图元组。属于一个族的不同图元的部分或全部参数可能有不同的值，但是参数（其名称与含义）的集合是相同的。本章介绍创建门窗族的方法。

9.1　创建窗族

本节主要介绍培训大楼中用到的窗族，包括固定窗和平开窗。

9.1.1　固定窗

固定窗是用密封胶把玻璃安装在窗框上，只用于采光而不开启的窗户，有良好的水密性和气密性。

创建固定窗的具体操作步骤如下。

（1）在主页中单击"族"→"新建"按钮，或者单击"文件"程序菜单→"新建"→"族"命令，打开"新族 - 选择样板文件"对话框。在"Chinese"文件夹中选择"公制窗"为样板族，如图 9-1 所示。单击"打开"按钮，进入族编辑器，如图 9-2 所示。

图 9-1　"新族 - 选择样板文件"对话框

图 9-2　族编辑器界面

（2）双击视图中的"宽度：1000"，将尺寸值更改为"600"，窗的宽度随尺寸的改变而改变，如图 9-3 所示。

图 9-3　更改窗宽度

（3）单击"创建"选项卡→"基准"面板→"参照平面"按钮 ，打开"修改|放置 参照平面"
选项卡和选项栏，如图 9-4 所示。

图 9-4　"修改|放置 参照平面"选项卡和选项栏

（4）系统自动激活"绘制"面板→"线"按钮 ，在视图中绘制图 9-5 所示的参照平面。

（5）单击图 9-5 中的"单击以命名"字样，输入参照平面名称为"窗：参照平面"，如图 9-6
所示。

图 9-5　绘制参照平面　　　　　　　　　　图 9-6　更改名称

（6）双击平面的临时尺寸，更改尺寸值为"50"，如图 9-7 所示。

图 9-7　更改尺寸值

（7）单击"创建"选项卡→"工作平面"面板→"设置"按钮，打开"工作平面"对话框，选择"拾取一个平面"单选项，如图 9-8 所示。单击"确定"按钮，在视图中拾取第（6）步创建的参照平面为工作平面，如图 9-9 所示。

图 9-8　"工作平面"对话框

图 9-9　拾取参照平面

（8）打开"转到视图"对话框，选择"立面：外部"，如图 9-10 所示。单击"打开视图"按钮，打开立面视图，如图 9-11 所示。

图 9-10　"转到视图"对话框

图 9-11　立面视图

（9）双击"默认窗台高度 = 800"，更改默认窗台高度值为"900"。双击"高度 =1500"，更改高度值为"1200"，结果如图 9-12 所示。

图 9-12　更改尺寸

（10）单击"创建"选项卡→"形状"面板→"拉伸"按钮 📦，打开"修改 | 创建拉伸"选项卡和选项栏，如图 9-13 所示。

图 9-13　"修改 | 创建拉伸"选项卡和选项栏

（11）单击"绘制"面板→"矩形"按钮 ▭，以洞口轮廓及参照平面为参照，创建轮廓线，如图 9-14 所示。单击视图中的"创建或删除长度或对齐约束"按钮 🔒，将轮廓线与洞口锁定，如图 9-15 所示。

图 9-14　绘制轮廓线　　　　　　　　　　　图 9-15　锁定约束

（12）单击"测量"面板→"对齐尺寸"按钮，标注尺寸，绘制窗框，如图 9-16 所示。

（13）选择窗框中的任意一个尺寸，打开"修改 | 尺寸标注"选项卡和选项栏。单击"标签尺寸标注"面板→"创建参数"按钮，打开"参数属性"对话框，选择"参数类型"为"族参数"，输入"名称"为"窗框宽度"，设置"参数分组方式"为"尺寸标注"，如图 9-17 所示。单击"确定"按钮，完成窗框宽度参数的添加。

图 9-16　绘制窗框

图 9-17　添加参数

（14）选择其余的窗框尺寸，选择"标签尺寸标注"面板→"标签"下拉列表→"窗框宽度 =32"标签，如图 9-18 所示。最终结果如图 9-19 所示。

（15）单击"模式"面板→"完成编辑模式"按钮，在"属性"选项板中设置拉伸终点为"0"，拉伸起点为"–150"，如图 9-20 所示。

图 9-18　选择标签

图 9-19　添加窗框宽度标签

图 9-20　设置拉伸参数

"属性"选项板中的选项说明如下。

● 如果要从默认起点"0"拉伸轮廓，则应在"约束"组的"拉伸终点"文本框中输入一个正/负值作为拉伸深度。

● 如果要从不同的起点拉伸，则应在"约束"组的"拉伸起点"文本框中输入值作为拉伸起点。

● 如果要设置实心拉伸的可见性，则应在"图形"组中单击"可见性/图形替换"右边的"编辑"按钮，打开图 9-21 所示的"族图元可见性设置"对话框，然后进行可见性设置。

● 如果要按类别将材质应用于实心拉伸，则应在"材

图 9-21　"族图元可见性设置"对话框

质和装饰"组中单击"材质"右边的 □ 按钮，打开"材质浏览器"对话框，指定材质。

- 如果要将实心拉伸指定给子类别，则应在"标识数据"组下选择"实心／空心"为"实心"。

（16）单击"材质"右边的 □ 按钮，打开"材质浏览器"对话框，在材质库中选择"木材"材质，单击"将材质添加到文档"按钮 ⬆，将木材材质添加到项目材质列表中，并将其名称更改为"窗框"，勾选"使用渲染外观"复选框，如图 9-22 所示，单击"确定"按钮，完成材质的创建。

图 9-22　"材质浏览器"对话框

（17）重复前面的步骤，绘制窗框，设置拉伸终点为"50"，拉伸起点为"0"，并更改材质为第（6）步中创建的窗框材质。

（18）单击"创建"选项卡→"形状"面板→"拉伸"按钮 🗊，打开"修改｜创建拉伸"选项卡和选项栏，单击"绘制"面板→"矩形"按钮 □，绘制框架，如图 9-23 所示。

（19）单击"测量"面板→"对齐尺寸"按钮 ✐，标注尺寸，如图 9-24 所示。

图 9-23　绘制框架

图 9-24　标注尺寸

（20）单击"模式"面板→"完成编辑模式"按钮 ✔️。在"属性"选项板中设置"拉伸终点"为"44"，"拉伸起点"为"0"，更改材质为窗框，如图 9-25 所示。单击"应用"按钮，完成拉伸模型的创建。

图 9-25　设置拉伸参数

（21）单击"创建"选项卡→"形状"面板→"拉伸"按钮，打开"修改|创建拉伸"选项卡和选项栏，绘制玻璃轮廓线并将其与内框锁定，如图 9-26 所示。

（22）单击"模式"面板→"完成编辑模式"按钮 ✔️，在图 9-27 所示的"属性"选项板中输入"拉伸终点"为"28"，"拉伸起点"为"16"，单击"材质"右边的 按钮，打开"材质浏览器"对话框。选择"玻璃"材质，勾选"使用渲染外观"复选框，如图 9-28 所示，单击"确定"按钮，完成玻璃的创建。

图 9-26　绘制玻璃轮廓线并锁定　　　　　图 9-27　"属性"选项板

图 9-28　"材质浏览器"对话框

（23）固定窗族绘制完成，单击"快速访问"工具栏→"保存"按钮 ▤，打开图 9-29 所示的"另存为"对话框。设置保存路径，输入名称为"固定窗"，单击"保存"按钮，保存族文件。

图 9-29　"另存为"对话框

（24）单击"文件"程序菜单→"新建"→"项目"命令，打开"新建项目"对话框。在样板文件下拉列表中选择"建筑样板"选项，单击"确定"按钮，新建项目文件。也可以直接打开已有项目文件。

（25）单击"建筑"选项卡→"构建"面板→"墙"按钮 ▯，在视图中任意绘制一段墙体，如图 9-30 所示。

图 9-30　绘制墙体

（26）单击"插入"选项卡→"从库中载入"面板→"载入族"按钮，打开"载入族"对话框。选择"固定窗 .rfa"族文件，如图 9-31 所示。单击"打开"按钮，载入该族文件。

图 9-31　"载入族"对话框

（27）在项目浏览器中，选择"族"→"窗"→"固定窗"节点→"固定窗"族文件，将其拖曳到墙体中放置，如图 9-32 所示。在项目浏览器中选择三维视图，效果如图 9-33 所示。

图 9-32　放置固定窗

图 9-33　效果图

9.1.2　平开窗

平开窗在窗扇一侧装有铰链，与窗框相连，有单扇、双扇之分，可以内开或外开。平开窗构造简单，制作与安装方便，采风、通风效果好，应用范围也很广。

创建平开窗的具体操作步骤如下。

（1）在主页中单击"族"→"新建"按钮，或者单击"文件"程序菜单→"新建"→"族"命令，打开"新族 - 选择样板文件"对话框。在"Chinese"文件夹中选择"公制窗 .rft"为样板族，单击"打开"按钮进入族编辑器。

（2）单击"创建"选项卡→"工作平面"面板→"设置"按钮，打开"工作平面"对话框。选择"拾取一个平面"单选项，如图 9-34 所示。单击"确定"按钮，在视图中拾取墙体中心位置的参照平面为工作平面，如图 9-35 所示。

图 9-34 "工作平面"对话框

图 9-35 拾取参照平面

（3）打开"转到视图"对话框，选择"立面：外部"，单击"打开视图"按钮，打开立面视图，如图 9-36 所示。

图 9-36 立面视图

（4）单击"创建"选项卡→"基准"面板→"参照平面"按钮，绘制新平面，然后单击"修改"选项卡→"测量"面板→"对齐尺寸标注"按钮，标注新平面的尺寸，如图 9-37 所示。

（5）选择第（4）步标注的尺寸，打开"修改|尺寸标注"选项卡和选项栏。单击"标签尺寸标注"面板中的"创建参数"按钮，打开"参数属性"对话框。选择"参数类型"为"族参数"，输入"名称"为"开启扇高度"，设置"参数分组方式"为"尺寸标注"，单击"确定"按钮，完成尺寸的添加，如图 9-38 所示。

图 9-37　标注尺寸

图 9-38　添加参数

（6）单击"创建"选项卡→"形状"面板→"拉伸"按钮，打开"修改|创建拉伸"选项卡和选项栏，单击"绘制"面板→"矩形"按钮，以洞口轮廓及参照平面为参照，创建轮廓线。单击视图中的"创建或删除长度或对齐约束"按钮，将轮廓线与洞口锁定，如图 9-39 所示。

（7）继续绘制窗框，并标注尺寸，如图 9-40 所示。

（8）选择窗框中的任意一个尺寸，打开"修改|尺寸标注"选项卡，单击"标签尺寸标注"面板→"创建参数"按钮，打开"参数属性"对话框。选择"参数类型"为"族参数"，输入"名称"为"窗框宽度"，设置"参数分组方式"为"尺寸标注"，如图 9-41 所示，单击"确定"按钮，完成尺寸的添加。选择其余的窗框尺寸，选择"标签尺寸标注"面板→"标签"下拉列表→"窗框宽度=50"标签，如图 9-42 所示。最终结果如图 9-43 所示。

图 9-39 锁定约束

图 9-40 绘制窗框

图 9-41 添加参数

图 9-42 选择标签

（9）单击"测量"面板→"对齐尺寸标注"按钮 ，分别拾取中间部分左侧窗框、中间参照面和右侧窗框标注连续尺寸，如图 9-44 所示。然后单击 EQ 限制符号，标注其他的 EQ 尺寸，结果如图 9-45 所示。

（10）单击"模式"面板→"完成编辑模式"按钮 ，在"属性"选项板中设置"拉伸终点"为"40"，"拉伸起点"为"-40"，如图 9-46 所示。

（11）单击"属性"选项板→"材质和装饰"栏→"材质"右侧→"关联族参数"按钮 ，打开图 9-47 所示的"关联族参数"对话框。单击"新建参数"按钮 ，打开"参数属性"对话框。选择"族参数"单选项，输入"名称"为"窗框材质"，设置"参数分组方式"为"材质和装饰"，如图 9-48 所示。连续单击"确定"按钮，完成材质的添加。

图 9-43 添加"窗框宽度 =50"标签

图 9-44 标注连续尺寸

图 9-45 标注其他 EQ 尺寸

图 9-46 设置拉伸参数

图 9-47 "关联族参数"对话框

图 9-48 "参数属性"对话框

（12）单击"创建"选项卡→"形状"面板→"拉伸"按钮 🖫，打开"修改 | 创建拉伸"选项卡和选项栏，绘制图形并标注尺寸，对标注尺寸添加"开启扇边框宽度"参数，如图 9-49 所示。

 提示　在绘制窗扇框轮廓线时，要将其与窗框洞口锁定，如图 9-50 所示。

图 9-49　创建开启扇边框宽度

图 9-50　将窗扇框轮廓与窗框洞口锁定

（13）单击"模式"面板→"完成编辑模式"按钮 ✔，在"属性"选项板中输入"拉伸终点"为"25"，"拉伸起点"为"−25"，单击"材质"右侧的"关联族参数"按钮 🖫，打开"关联族参数"对话框。选择前面创建的"窗框材质"参数，单击"确定"按钮，完成开启扇窗框的绘制，如图 9-51 所示。

（14）单击"创建"选项卡→"形状"面板→"拉伸"按钮 🖫，打开"修改 | 创建拉伸"选项卡和选项栏，绘制玻璃轮廓线并将其与内框锁定，如图 9-52 所示。

图 9-51　绘制开启扇窗框

图 9-52　绘制玻璃轮廓线并锁定

（15）单击"模式"面板→"完成编辑模式"按钮✔，在"属性"选项板中输入"拉伸终点"为"3"，"拉伸起点"为"−3"，单击"材质"栏中的 ▦ 按钮，打开"材质浏览器"对话框。选择"玻璃"材质，勾选"使用渲染外观"复选框，如图 9-53 所示，单击"确定"按钮，完成玻璃的创建。

图 9-53 "材质浏览器"对话框

（16）在项目浏览器中选择"楼层平面"→"参照标高"选项，双击打开参照标高视图，如图 9-54 所示。

图 9-54 参照标高视图

（17）单击"测量"面板→"对齐尺寸标注"按钮 ✐，分别拾取窗框上下边线、中间参照面标注连续尺寸，然后单击 EQ 限制符号，继续标注窗框尺寸，并添加"窗框厚度 =80"尺寸参数，结果如图 9-55 所示。

（18）平开窗族绘制完成，单击"快速访问"工具栏→"保存"按钮 💾，打开"另存为"对话框，设置保存路径，

图 9-55 添加"窗框厚度 =80"尺寸参数

输入名称为"平开窗",单击"保存"按钮,保存族文件。

9.2 创建门族

本节主要介绍培训大楼中用到的门族,包括单扇木门、单扇幕墙门、双扇木门和双扇幕墙门。

9.2.1 单扇木门

单扇木门的具体绘制步骤如下。

(1)在主页中单击"族"→"新建"按钮,或者单击"文件"程序菜单→"新建"→"族"命令,打开"新族 - 选择样板文件"对话框。在"Chinese"文件夹中选择"公制门 .rft"为样板族,如图 9-56 所示。单击"打开"按钮,进入族编辑器,如图 9-57 所示。

图 9-56 "新族 - 选择样板文件"对话框

图 9-57 族编辑器界面

(2)单击"创建"选项卡→"工作平面"面板→"设置"按钮，打开"工作平面"对话框,选择"拾取一个平面"单选项,如图 9-58 所示。单击"确定"按钮,在视图中拾取墙体中心位置的参照平面为工作平面,如图 9-59 所示。

图 9-58 "工作平面"对话框

图 9-59 拾取参照平面

（3）打开"转到视图"对话框，选择"立面：外部"，单击"打开视图"按钮，打开立面视图，如图 9-60 所示。

图 9-60 立面视图

（4）单击"创建"选项卡→"形状"面板→"拉伸"按钮 ⬜，打开"修改|创建拉伸"选项卡和选项栏。单击"绘制"面板→"矩形"按钮⬜，以洞口轮廓及参照平面为参照，创建轮廓线，如图 9-61 所示。单击视图中的"创建或删除长度或对齐约束"按钮⬜，将轮廓线与洞口锁定，如图 9-62 所示。

图 9-61 绘制轮廓线

图 9-62 锁定约束

（5）在"属性"选项板中设置"拉伸终点"为"25"，"拉伸起点"为"−25"，如图 9-63 所示，单击"应用"按钮。单击"模式"面板→"完成编辑模式"按钮 ✔，完成拉伸模型的创建。

图 9-63   设置拉伸参数

（6）单击"材质"栏中的 ⬚ 按钮，打开"材质浏览器"对话框。选择"木材"材质，单击"确定"按钮，完成木材的创建。

（7）在项目浏览器中选择"楼层平面"→"参照标高"选项，双击打开参照标高视图，如图 9-64 所示。

图 9-64   参照标高视图

（8）单击"测量"面板→"对齐尺寸标注"按钮 ✏，分别拾取门框上下边线、中间参照面标注连续尺寸，然后单击 EQ 限制符号，继续标注门框尺寸，并添加"门框厚度"尺寸参数，结果如图 9-65 所示。

（9）单击"注释"选项卡→"详图"面板→"符号线"按钮 ▣，然后单击"绘制"面板→"矩形"按钮 ▭，在"属性"选项板中设置"子类别"为"门〔截面〕"，如图 9-66 所示。在平面视图门洞的左侧绘制长度为"1000"，宽度为"30"的矩形，如图 9-67 所示。

图 9-65　添加"门框厚度"尺寸参数

图 9-66　设置子类别（1）

图 9-67　绘制矩形

（10）单击"注释"选项卡→"详图"面板→"符号线"按钮，然后单击"绘制"面板→"圆心 - 端点弧"按钮，在"属性"选项板中设置"子类别"为"平面打开方向［截面］"，如图 9-68 所示。绘制门开启线并更改角度为 90°，如图 9-69 所示。

图 9-68　设置子类别（2）

图 9-69　绘制门开启线

（11）选择门框，在"属性"选项板的"材质"栏中单击 ··· 按钮，打开"材质浏览器"对话框，选择"木材"材质，单击"确定"按钮。

（12）单击"插入"选项卡→"从库中载入"面板→"载入族"按钮 ，打开"载入族"对话框。选择"Chinese"→"建筑"→"门"→"门构件"→"拉手"文件夹中的"门锁1.rfa"族文件，如图9-70所示，单击"打开"按钮。

图9-70 "载入族"对话框

（13）单击"创建"选项卡→"模型"面板→"构件"按钮 ，将载入的"门锁1"放置在视图中适当位置，如图9-71所示。

（14）双击门锁文件，进入门锁族编辑环境。单击"创建"选项卡→"属性"面板→"族类别和族参数"按钮 ，打开"族类别和族参数"对话框，勾选"共享"复选框，如图9-72所示。其他采用默认设置，单击"确定"按钮。

图9-71 放置门锁

图9-72 "族类别和族参数"对话框

（15）单击"创建"选项卡→"族编辑器"面板→"载入到项目并关闭"按钮，打开图 9-73 所示的"族已存在"提示对话框，单击"覆盖现有版本"选项。

（16）在视图中选择门锁，然后单击"属性"选项板→"编辑类型"按钮，打开"类型属性"对话框。更改"嵌板厚度"为"50"，如图 9-74 所示，其他采用默认设置，单击"确定"按钮。

图 9-73　"族已存在"提示对话框

图 9-74　"类型属性"对话框

（17）选择门锁，单击"修改"选项卡→"修改"面板→"镜像 - 绘制轴"按钮，在门锁的左侧位置绘制一条竖线作为镜像轴，然后将原门锁删除，修改门锁的临时位置尺寸，如图 9-75 所示。

（18）将视图切换至内部视图，然后移动门锁的位置，单击"测量"面板→"对齐尺寸"按钮，标注并修改尺寸，如图 9-76 所示。

图 9-75　修改临时位置尺寸

图 9-76　移动门锁并标注尺寸

（19）单扇门族绘制完成，单击"快速访问"工具栏→"保存"按钮，打开"另存为"对话框。输入名称为"单扇门"，单击"保存"按钮，保存族文件。

9.2.2 单扇幕墙门

单扇幕墙门的具体绘制步骤如下。

（1）在主页中单击"族"→"新建"按钮，或者单击"文件"程序菜单→"新建"→"族"命令，打开"新族 - 选择样板文件"对话框。在"Chinese"文件夹中选择"公制门 - 幕墙 .rft"为样板族，如图 9-77 所示。单击"打开"按钮，进入族编辑器，如图 9-78 所示。

图 9-77 "新族 - 选择样板文件"对话框

图 9-78 族编辑器界面

（2）选择右侧参考面，双击临时尺寸，将尺寸更改为"457.2"，如图 9-79 所示。

（3）单击"创建"选项卡→"形状"面板→"拉伸"按钮，打开"修改 | 创建拉伸"选项卡和选项栏，单击"绘制"面板→"矩形"按钮，以参照平面为参照，绘制轮廓线，如图 9-80 所示。单击视图中的"创建或删除长度或对齐约束"按钮，将轮廓线与洞口锁定。

图 9-79　更改尺寸值

图 9-80　绘制轮廓线

（4）单击"模式"面板→"完成编辑模式"按钮 ✅，完成拉伸模型的创建。

（5）在"属性"选项板中设置"拉伸终点"为"2133.6"，"拉伸起点"为"0"，"子类别"为"嵌板"，如图 9-81 所示。

图 9-81　设置拉伸参数

（6）单击"材质"栏中的 ⬚ 按钮，打开"材质浏览器"对话框。选择"玻璃"材质，勾选"使用渲染外观"复选框，如图 9-82 所示，单击"确定"按钮。

（7）单击"注释"选项卡→"详图"面板→"符号线"按钮 🖋️，然后单击"绘制"面板→"线"按钮 🖊️，在"属性"选项板中设置"子类别"为"嵌板［截面］"，如图 9-83 所示。在平面视图右侧绘制长度为"914.4"的竖线，如图 9-84 所示。

图 9-82　"材质浏览器"对话框

图 9-83　设置子类别

图 9-84　绘制竖线

（8）单击"注释"选项卡→"详图"面板→"符号线"按钮，然后单击"绘制"面板→"圆心 - 端点弧"按钮，绘制门开启线并更改角度为 90°，如图 9-85 所示。

（9）单击"管理"选项卡→"设置"面板→"对象样式"按钮，打开"对象样式"对话框。单击"新建"按钮，打开"新建子类别"对话框，输入"名称"为"开启线"，单击"确定"按钮，新建"开启线"子类别，如图 9-86 所示。采用默认设置，单击"确定"按钮。

图 9-85　绘制门开启线

图 9-86 新建"开启线"子类别

（10）选择第（9）步绘制的圆弧线，在"属性"选项板中设置"子类别"为"开启线［投影］"。

（11）单击"创建"选项卡→"工作平面"面板→"设置"按钮 ，打开"工作平面"对话框。

选择"拾取一个平面"单选项，单击"确定"按钮，在视图中拾取水平参照平面为工作平面。

（12）打开"转到视图"对话框，选择"立面：外部"，单击"打开视图"按钮，打开立面视图，如图 9-87 所示。

（13）单击"创建"选项卡→"基准"面板→"参照平面"按钮，捕捉嵌板的竖直边中点，绘制参照平面，如图 9-88 所示。

（14）单击"测量"面板→"对齐尺寸标注"按钮，分别拾取上下边框和中间参照面标注连续尺寸，然后单击 EQ 限制符号，如图 9-89 所示。

图 9-87　立面视图　　　　图 9-88　绘制参照平面　　　　图 9-89　标注尺寸

（15）单击"管理"选项卡→"设置"面板→"对象样式"按钮，打开"对象样式"对话框。单击"新建"按钮，打开"新建子类别"对话框，输入"名称"为"角度线"，单击"确定"按钮，新建"角度线"子类别。在其线型图案下拉列表中选择"中心"线型图案，如图 9-90 所示。其他采用默认设置，单击"确定"按钮。

图 9-90　新建"角度线"子类别

（16）单击"注释"选项卡→"详图"面板→"符号线"按钮，然后单击"绘制"面板→"线"按钮，在"属性"选项板中设置"子类别"为"角度线［投影］"，绘制图 9-91 所示的角度线。

（17）单击"创建"选项卡→"形状"面板→"拉伸"按钮，打开"修改 | 创建拉伸"选项卡和选项栏。单击"绘制"面板→"矩形"按钮，绘制把手轮廓线，如图 9-92 所示。单击"模式"面板→"完成编辑模式"按钮，完成拉伸模型的创建。

图 9-91　绘制角度线

图 9-92　绘制把手轮廓线

（18）在"属性"选项板中输入"拉伸终点"为"70"，"拉伸起点"为"20"，在"子类别"下拉列表中选择"框架/竖梃"，单击"材质"栏中的按钮，打开"材质浏览器"对话框。选择"铝"材质，勾选"使用渲染外观"复选框，其他采用默认设置，如图 9-93 所示，单击"确定"按钮。

图 9-93　参数设置

（19）在项目浏览器中选择"楼层平面"→"参照标高"选项，双击打开参照标高视图，如图 9-94 所示。

（20）单击"修改"选项卡→"修改"面板→"镜像 - 绘制轴"按钮 ，选择拉伸体为要镜像的对象，然后捕捉嵌板的两侧中点绘制轴线进行镜像，结果如图 9-95 所示。

图 9-94　参照标高视图　　　　图 9-95　镜像把手

（21）单击"快速访问"工具栏→"保存"按钮 🖫 ，打开"另存为"对话框，输入名称为"单扇幕墙门"，单击"保存"按钮，保存族文件。

9.2.3　双扇木门

双扇木门的具体绘制步骤如下。

（1）在主页中单击"族"→"新建"按钮，或者单击"文件"程序菜单→"新建"→"族"命令，打开"新族 - 选择样板文件"对话框。选择"公制门 .rft"为样板族，单击"打开"按钮，进入族编辑器，如图 9-96 所示。

图 9-96　族编辑器界面

（2）双击视图中的"宽度 =1000"，更改尺寸值为"1800"，如图 9-97 所示。门的宽度值随尺寸的改变而改变。

（3）单击"创建"选项卡→"工作平面"面板→"设置"按钮 ，打开"工作平面"对话框。选择"拾取一个平面"单选项，单击"确定"按钮，如图 9-98 所示。在视图中拾取墙体边线位置的参照平面为工作平面，如图 9-99 所示。

图 9-97　更改宽度尺寸

图 9-98　"工作平面"对话框　　　　　　　图 9-99　拾取参照平面

（4）打开"转到视图"对话框，选择"立面：外部"，单击"打开视图"按钮，打开立面视图，如图 9-100 所示。

图 9-100　立面视图

（5）单击"创建"选项卡→"形状"面板→"拉伸"按钮，打开"修改 | 创建拉伸"选项卡和选项栏，单击"绘制"面板→"矩形"按钮，以洞口轮廓及参照平面为参照，创建轮廓线，

如图 9-101 所示。单击视图中的"创建或删除长度或对齐约束"按钮，将轮廓线与洞口锁定。

图 9-101　绘制轮廓线

（6）在"属性"选项板中设置"拉伸终点"为"0"，"拉伸起点"为"50"。单击"模式"面板→"完成编辑模式"按钮✔️，完成拉伸模型的创建。单击"材质"栏中的🔲按钮，如图 9-102 所示。

图 9-102　设置拉伸参数

（7）打开"材质浏览器"对话框，选择"木材"材质，勾选"使用渲染外观"复选框，如图 9-103 所示，单击"确定"按钮，完成木材的创建。

（8）重复第（5）～（7）步，创建另一侧门扇。

（9）在项目浏览器中选择"楼层平面"→"参照标高"选项，双击打开参照标高视图，如图 9-104 所示。

（10）单击"注释"选项卡→"详图"面板→"符号线"按钮，然后单击"绘制"面板→"矩形"按钮，在"属性"选项板中设置"子类别"为"嵌板［截面］"，如图 9-105 所示。在平面视图门洞两侧绘制长度为"900"，宽度为"50"的矩形，如图 9-106 所示。

图 9-103　"材质浏览器"对话框

图 9-104　参照标高视图

图 9-105　设置子类别

图 9-106　绘制矩形

（11）单击"注释"选项卡→"详图"面板→"符号线"按钮 ，然后单击"绘制"面板→"圆心 - 端点弧"按钮，在"属性"选项板中设置"子类别"为"平面打开方向［投影］"，如图 9-107 所示。绘制门开启线并更改角度为 90°，如图 9-108 所示。

图 9-107　设置子类别

图 9-108　绘制门开启线

（12）选择门框，在"属性"选项板的"材质"栏中单击 按钮，打开"材质浏览器"对话框。选择"木材"材质，单击"确定"按钮。

（13）单击"创建"选项卡→"基准"面板→"参照平面"按钮，绘制两个参照平面，并修改尺寸，如图 9-109 所示。

图 9-109　绘制参照平面

（14）单击"插入"选项卡→"从库中载入"面板→"载入族"按钮，打开"载入族"对话框。选择"Chinese"→"建筑"→"门"→"门构件"→"拉手"文件夹中的"门锁 11.rfa"族文件，如图 9-110 所示，单击"打开"按钮。

图 9-110　"载入族"对话框

（15）单击"创建"选项卡→"模型"面板→"构件"按钮，将载入的"门锁 11"放置在视图中参照平面的位置，如图 9-111 所示。

（16）从图 9-111 中可以看出，门锁的方向不正确。选择右侧的门锁，单击"修改"选项卡→"修改"面板→"镜像 - 拾取轴"按钮，将右侧门锁沿参照平面进行镜像，然后删除镜像前的门锁，结果如图 9-112 所示。

图 9-111　放置门锁　　　　　　　　　　　图 9-112　修改门锁位置

（17）将视图切换至外部视图，然后移动门锁的位置，单击"测量"面板→"对齐尺寸"按钮，标注并修改尺寸，如图 9-113 所示。

图 9-113　移动门锁并标注尺寸

（18）双扇门族绘制完成，单击"快速访问"工具栏中的"保存"按钮 ，打开"另存为"对话框，输入名称为"双扇木门"，单击"保存"按钮，保存族文件。

9.2.4　双扇幕墙门

双扇幕墙门的具体绘制步骤如下。

（1）在主页中单击"族"→"新建"按钮，或者单击"文件"程序菜单→"新建"→"族"命令，打开"新族 - 选择样板文件"对话框。在"Chinese"文件夹中选择"公制门 - 幕墙 .rft"为样板族，如图 9-114 所示。单击"打开"按钮，进入族编辑器，如图 9-115 所示。

图 9-114　"新族 - 选择样板文件"对话框

（2）单击"创建"选项卡→"工作平面"面板→"设置"按钮 ，打开"工作平面"对话框。选择"拾取一个平面"单选项，单击"确定"按钮，在视图中拾取水平参照平面为工作平面，如图 9-116 所示。

图 9-115　族编辑器界面　　　　　　　　　　图 9-116　拾取参照平面

（3）打开"转到视图"对话框，选择"立面：外部"，单击"打开视图"按钮，打开立面视图，如图 9-117 所示。

（4）单击"创建"选项卡→"形状"面板→"拉伸"按钮，打开"修改 | 创建拉伸"选项卡和选项栏。单击"绘制"面板→"矩形"按钮 ，以洞口轮廓及参照平面为参照，创建轮廓线。单击视图中的"创建或删除长度或对齐约束"按钮，将轮廓线与洞口锁定，如图 9-118 所示。

图 9-117　立面视图　　　　　　　　　　图 9-118　绘制轮廓线并锁定

（5）在"属性"选项板中设置"拉伸终点"为"20"，"拉伸起点"为"0"，如图 9-119 所示。单击"模式"面板→"完成编辑模式"按钮，完成拉伸模型的创建。

（6）单击"材质"栏中的 按钮，打开"材质浏览器"对话框。选择"玻璃"材质，勾选"使用渲染外观"复选框，单击"确定"按钮，如图 9-120 所示。

（7）重复第（4）～（6）步，创建另一侧嵌板。

（8）在项目浏览器中选择"楼层平面"→"参照标高"选项，双击打开参照标高视图，如图 9-121 所示。

图 9-119 设置拉伸参数

图 9-120 "材质浏览器"对话框

图 9-121 参照标高视图

（9）单击"注释"选项卡→"详图"面板→"符号线"按钮，然后单击"绘制"面板→"线"按钮，在"属性"选项板中设置"子类别"为"嵌板［截面］"，如图 9-122 所示。在平面视图门洞两侧绘制长度为"914.4"的竖线，如图 9-123 所示。

图 9-122　设置子类别

图 9-123　绘制竖线

（10）单击"注释"选项卡→"详图"面板→"符号线"按钮，然后单击"绘制"面板→"圆心 - 端点弧"按钮，绘制门开启线并更改角度为 90°，如图 9-124 所示。

（11）单击"管理"选项卡→"设置"面板→"对象样式"按钮，打开"对象样式"对话框。单击"新建"按钮，打开"新建子类别"对话框，输入"名称"为"开启线"，单击"确定"按钮，新建"开启线"子类别，如图 9-125 所示。采用默认设置，单击"确定"按钮。

（12）选择圆弧，在"属性"选项板中设置子类别为"开启线［投影］"。

图 9-124　绘制门开启线

（13）单击"创建"选项卡→"形状"面板→"拉伸"按钮，打开"修改 | 创建拉伸"选项卡和选项栏。单击"绘制"面板→"线"按钮，绘制把手轮廓线。然后将其沿竖直参照面进行镜像，如图 9-126 所示。

（14）在"属性"选项板中输入"拉伸终点"为"1065"，"拉伸起点"为"865"，在"子类别"下拉列表中选择"框架 / 竖梃"选项，单击"材质"栏中的按钮，打开"材质浏览器"对话框。选择"铝"材质，勾选"使用渲染外观"复选框，其他采用默认设置，单击"确定"按钮，如图 9-127 所示。

（15）在项目浏览器中选择"立面"→"外部"选项，双击打开参照标高视图。

（16）单击"创建"选项卡→"基准"面板→"参照平面"按钮，捕捉嵌板的竖直边中点，绘制参照平面，如图 9-128 所示。

（17）单击"测量"面板→"对齐尺寸标注"按钮，分别拾取上侧门框、中间参照面和下侧门框标注连续尺寸，然后单击 EQ 限制符号，如图 9-129 所示。

图 9-125　新建"开启线"子类别

图 9-126 绘制把手轮廓线并镜像

图 9-127 参数设置

图 9-128 绘制参照平面

图 9-129 标注尺寸

（18）单击"管理"选项卡→"设置"面板→"对象样式"按钮，打开"对象样式"对话框。单击"新建"按钮，打开"新建子类别"对话框，输入"名称"为"角度线"，设置线型图案为"中心"，单击"确定"按钮，新建"角度线"子类别，如图 9-130 所示。

图 9-130　新建"角度线"子类别

（19）单击"注释"选项卡→"详图"面板→"符号线"按钮，然后单击"绘制"面板→"线"按钮，在"属性"选项板中设置"子类别"为"角度线［投影］"，绘制图 9-131 所示的对角线。

图 9-131　绘制对角线

（20）双扇幕墙门族绘制完成。单击"快速访问"工具栏→"保存"按钮，打开"另存为"对话框，输入名称为"双扇幕墙门"，单击"保存"按钮，保存族文件。

第 **10** 章
布置门窗

知识导引

  本章将第 9 章创建的门窗族布置在第 8 章创建的培训大楼上。通过本章的学习，读者可以掌握门窗布置的基本思路和方法。

10.1 布置门

本节讲述布置门的基本方法和思路。

10.1.1 布置一层门

一层门具体布置步骤如下。

（1）将视图切换至 1F 楼层平面。

（2）单击"建筑"选项卡→"构建"面板→"门"按钮，打开图 10-1 所示的"修改 | 放置门"选项卡和选项栏。

图 10-1 "修改 | 放置门"选项卡和选项栏

（3）单击"模式"面板→"载入族"按钮，打开图 10-2 所示的"载入族"对话框。选择创建的"单扇木门 .rfa"族文件，单击"打开"按钮，打开单扇木门族文件。

图 10-2 "载入族"对话框

（4）将鼠标指针移到墙上以显示门的预览图像，在平面视图中放置门时，按 Space 键可将开门方向从左开翻转为右开。默认情况下，临时尺寸标注指示从门中心线到最近垂直墙的中心线的距离，如图 10-3 所示。

（5）单击放置门，Revit 将自动剪切洞口并放置门，如图 10-4 所示。

（6）分别单击"翻转实例面"按钮和"翻转实例开门方向"按钮，调整门的方向，然后调整门的位置，如图 10-5 所示。

（7）采用相同的方法，布置其他单扇门，如图 10-6 所示。

（8）单击"建筑"选项卡→"构建"面板→"门"按钮，打开"修改 | 放置门"选项卡和选项栏。单击"模式"面板→"载入族"按钮，打开"载入族"对话框。选择创建的"双扇木门 .rfa"族

文件，单击"打开"按钮，打开双扇木门族文件。

图 10-3　预览门图像　　　　图 10-4　放置单扇门　　　　图 10-5　调整门

（9）将双扇木门放置在视图中适当的位置，并调整位置，如图 10-7 所示。

图 10-6　布置单扇门　　　　　　　　图 10-7　放置双扇门

（10）在幕墙上布置双扇门。

① 选择休息室的上端幕墙，单击"编辑类型"按钮 ，打开"类型属性"对话框，新建"外幕墙 2-1"类型，设置垂直网格和水平网格的布局为"无"，其他采用默认设置，如图 10-8 所示，单击"确定"按钮，结果如图 10-9 所示。

② 将视图切换至三维视图，选择第①步编辑后的幕墙，单击控制栏中的"临时隐藏 / 隔离"按钮 ，打开如图 10-10 所示的"隐藏 / 隔离"菜单，选择"隔离图元"选项，将幕墙隔离，如图 10-11 所示。

③ 单击"建筑"选项卡→"构建"面板→"幕墙 网格"按钮 ，打开"修改 | 放置 幕墙网格"选项卡和选项栏，如图 10-12 所示。

图 10-8 "类型属性"对话框

图 10-9 绘制幕墙

图 10-11 隔离幕墙

图 10-10 "隐藏/隔离"菜单

图 10-12 "修改 | 放置 幕墙网格"选项卡和选项栏

- 全部分段 ﹢：单击此按钮，添加整条网格线。
- 一段 ﹢：单击此按钮，添加一段网格线细分嵌板。
- 除拾取外的全部 ﹢：单击此按钮，先添加一条红色的整条网格线，然后再单击某段将其删除，其余的嵌板添加网格线。

④ 沿着墙体边缘放置鼠标指针，会出现一条临时网格线，如图 10-13 所示。

⑤ 在适当位置单击，放置网格线。继续绘制其他网格线，并调整网格间距，竖直方向的间距为"2440"，横向方向的间距为"610"，如图 10-14 所示。

图 10-13　临时网格线

图 10-14　绘制幕墙网格

⑥ 继续绘制网格线作为大门的外轮廓，如图 10-15 所示。

⑦ 选择第⑥步绘制的网格线上的竖梃，单击"禁止或允许改变图元位置"按钮 ，按钮变成 ，删除竖梃。然后选择网格线，打开"修改 | 幕墙网格"选项卡和选项栏，单击"幕墙网格"面板→"添加 / 删除线段"按钮 ﹢，选择不需要的网格线并将其删除，结果如图 10-16 所示。

图 10-15　绘制大门外轮廓

图 10-16　删除网格线

⑧ 选择幕墙，单击鼠标右键，在弹出的图 10-17 所示的快捷菜单中单击"选择主体上的嵌板"命令。

⑨ 单击大门处的嵌板上的"禁止或允许改变图元位置"按钮 ，如图 10-18 所示。

图 10-17　快捷菜单

图 10-18　单击按钮

⑩ 单击"插入"选项卡→"从库中载入"面板→"载入族"按钮，打开"载入族"对话框，选择 9.2.4 小节中创建的"双扇幕墙门 .rfa"族文件，如图 10-19 所示。

图 10-19　"载入族"对话框

⑪ 在视图中选择大门处的嵌板，如图 10-20 所示。在"属性"选项板中选择第⑩步载入的"双扇幕墙门"类型，将嵌板替换为双扇幕墙门，如图 10-21 所示。

⑫ 单击视图控制栏中的"临时隐藏 / 隔离"按钮，打开图 10-22 所示的"隐藏 / 隔离"菜单，单击"重设临时隐藏 / 隔离"命令，返回三维视图中，如图 10-23 所示。

⑬ 采用相同的方法，布置其他幕墙上的双扇门，如图 10-24 所示。

图 10-20　选择嵌板

图 10-21　替换为双扇幕墙门

图 10-23　三维视图

图 10-24　布置其他幕墙上的双扇门

图 10-22　"隐藏 / 隔离"菜单

（11）在幕墙上布置单扇门，步骤如下。

① 选择楼梯间的幕墙，将其隔离，如图 10-25 所示。

② 单击"建筑"选项卡→"构建"面板→"幕墙 网格"按钮▦，在幕墙上绘制幕墙网格，如图 10-26 所示。

③ 选择第②步绘制的网格线中的任意一根，打开"修改|幕墙网格"选项卡和选项栏。单击"幕墙网格"面板→"添加 / 删除线段"按钮┿，删除不需要的网格线，结果如图 10-27 所示。

图 10-25　隔离幕墙

图 10-26　绘制网格线

图 10-27　删除不需要的网格线

④ 单击"插入"选项卡→"从库中载入"面板→"载入族"按钮▤，打开"载入族"对话框，选择 9.2.2 小节中创建的"单扇幕墙门 .rfa"族文件，如图 10-28 所示。

⑤ 选择幕墙，单击鼠标右键，在弹出的快捷菜单中单击"选择主体上的嵌板"命令。单击大门处的嵌板上的"禁止或允许改变图元位置"按钮。

⑥ 在视图中选择大门处的嵌板，如图 10-29 所示。在"属性"选项板中选择第④步载入的"单扇幕墙门"类型，将嵌板替换为单扇幕墙门，如图 10-30 所示。

图 10-28 "载入族"对话框

图 10-29 选择嵌板

⑦ 采用相同的方法，布置其他幕墙上的单扇门，如图 10-31 所示。

图 10-30 替换为单扇幕墙门　　　　　　图 10-31 布置其他幕墙上的单扇门

10.1.2 布置二层门

二层门的具体布置步骤如下。

采用布置一层的门的方法，布置二层的门，结果如图 10-32 所示。

图 10-32　布置二层的门

10.1.3　布置三层门

三层门的具体布置步骤如下。

采用布置一层的门的方法，布置三层的门，结果如图 10-33 所示。

图 10-33　布置三层的门

10.2　布置窗

10.2.1　布置一层窗

一层窗的具体布置步骤如下。

（1）将视图切换至 1F 楼层平面。

（2）单击"建筑"选项卡→"构建"面板→"窗"按钮▦，打开图 10-34 所示的"修改 | 放置 窗"选项卡和选项栏。

图 10-34 "修改 | 放置 窗"选项卡和选项栏

（3）单击"模式"面板→"载入族"按钮▦，打开"载入族"对话框，选择前面创建的"平开窗 .rfa"族文件，如图 10-35 所示。单击"打开"按钮，载入该族文件。

（4）在"属性"选项板中更改底高度为"800"，如图 10-36 所示。然后单击"编辑类型"按钮▦，打开"类型属性"对话框，更改"高度"为"1600"，"宽度"为"1500"，"开启扇高度"为"1200"，其他采用默认设置，单击"确定"按钮，如图 10-37 所示。

图 10-35 "载入族"对话框

图 10-36 "属性"选项板

（5）将平开窗放置到视图中适当的位置，如图 10-38 所示。

图 10-37 "类型属性"对话框

图 10-38 放置平开窗

（6）单击"模式"面板→"载入族"按钮 ，打开"载入族"对话框。选择前面创建的"固定窗 .rfa"族文件，单击"打开"按钮，载入固定窗族文件，如图 10-39 所示。

（7）在"属性"选项板中更改"底高度"为"900"，如图 10-40 所示。然后单击"编辑类型"按钮 ，打开"类型属性"对话框，更改"高度"为"1200"，宽度为"900"，其他采用默认设置，如图 10-41 所示，单击确定按钮。

图 10-39　"载入族"对话框

图 10-40　"属性"选项板

（8）将固定窗放置到视图中适当的位置，如图 10-42 所示。

图 10-41　"类型属性"对话框

图 10-42　放置固定窗

10.2.2　布置二、三层窗

二、三层窗的具体布置步骤如下。

（1）将视图切换至北立面视图。

（2）单击"修改"选项卡→"修改"面板→"复制"按钮 ，按住 Ctrl 键的同时选择一层的 6 扇窗，然后按 Space 键。

（3）在选项栏中勾选"多个"复选框，然后指定起点和终点，向二层和三层复制窗，如图 10-43 所示。

（4）将视图切换至 2F 楼层平面视图。

选择复制对象　　　　　　　　指定起点

指定终点　　　　　　　　复制结果

图 10-43　复制窗

（5）可以看到有的窗和墙之间有干涉，调整窗的位置，结果如图 10-44 所示。

（6）将视图切换至 3F 楼层平面视图。

（7）可以看到有的窗和墙之间有干涉，删除多余的窗，并调整窗的位置，结果如图 10-45 所示。

图 10-44　调整二层窗的位置　　　　　　图 10-45　调整三层窗的位置

第 11 章
屋顶设计

知识导引

屋顶是指房屋或构筑物外部的顶盖，包括屋面以及在墙或其他支撑物上用以支撑屋面的一切必要材料和构造。

本章介绍屋顶设计的方法。

11.1 女儿墙

女儿墙是建筑物屋顶四周的矮墙，主要作用除维护安全外，还有在底处施作防水压砖收头，以避免防水层渗水或是屋顶雨水漫流。根据《民用建筑设计通则》（GB50352-2019），上人屋面女儿墙高度一般不得低于 1.2m，不上人屋面女儿墙一般高度为 0.6m。上人屋面女儿墙的作用是保护人员的安全，并对建筑立面起装饰作用；不上人屋面女儿墙除立面装饰作用外，还可以固定油毡。

11.1.1 绘制女儿墙压顶轮廓

女儿墙压顶轮廓的具体绘制步骤如下。

（1）在主页中单击"族"→"新建"按钮，或者单击"文件"程序菜单→"新建"→"族"命令，打开"新族 - 选择样板文件"对话框。在"Chinese"文件夹中选择"公制轮廓 .rft"为样板族，如图 11-1 所示。单击"打开"按钮，进入族编辑器，绘制轮廓界面，如图 11-2 所示。

图 11-1 "新族 - 选择样板文件"对话框

（2）单击"创建"选项卡→"详图"面板→"线"按钮，打开"修改 | 放置 线"选项卡和选项栏，单击"绘制"面板→"线"按钮，绘制图 11-3 所示的轮廓。单击"视图"选项卡→"图形"面板→"细线"按钮，将图形显示为细线。

图 11-2 绘制轮廓界面　　　　　　图 11-3 绘制压顶轮廓

（3）单击"快速访问"工具栏→"保存"按钮 ，打开"另存为"对话框，设置保存路径，输入名称为"女儿墙压顶"，单击"保存"按钮，保存族文件。

11.1.2　绘制女儿墙

女儿墙的具体绘制步骤如下。

（1）将视图切换至 4F 楼层平面，并调整轴线。

（2）单击"建筑"选项卡→"构建"面板→"墙"按钮 ，打开"修改|放置 墙"选项卡和选项栏。

（3）在"属性"选项板的类型下拉列表中选择"基本墙 外部 - 砌块隔热墙"类型，设置"定位线"为"面层面：外部"，"底部约束"为"4F"，"顶部约束"为"直到标高：屋顶"，其他采用默认设置，如图 11-4 所示。

（4）在"属性"选项板中单击"编辑类型"按钮 ，打开"类型属性"对话框。新建"女儿墙"，单击"结构"栏中的"编辑"按钮，打开"编辑部件"对话框。选择第 6 层和第 7 层，单击"删除"按钮，删除所选图层，然后更改"结构［1］"的厚度为"190"，如图 11-5 所示。

图 11-4　"属性"选项板

图 11-5　设置厚度

（5）单击"预览"按钮，预览墙体，如图 11-6 所示。

（6）在视图下拉列表中选择"剖面：修改类型属性"选项，然后单击"墙饰条"按钮，打开图 11-7 所示的"墙饰条"对话框。单击"添加"按钮，添加墙饰条，如图 11-8 所示。

（7）单击"载入轮廓"按钮，打开"载入族"对话框，选择 11.1.1 小节绘制的"女儿墙压顶"轮廓，单击"打开"按钮，载入"女儿墙压顶"轮廓，如图 11-9 所示。

图 11-6　预览墙体

图 11-7　"墙饰条"对话框

图 11-8　添加墙饰条

图 11-9　"载入族"对话框

（8）在"墙饰条"对话框的"轮廓"下拉列表中选择第（7）步载入的"女儿墙压顶"轮廓，单击"材质"栏中的 按钮，打开"材质浏览器"对话框。选择"金属 - 铝 - 黑色"材质，单击"确定"按钮，返回"墙饰条"对话框，设置"自"为"顶"，其他采用默认设置，单击"确定"按钮，如图 11-10 所示。

图 11-10 "墙饰条"对话框

（9）返回"编辑部件"对话框，预览添加的女儿墙压顶在女儿墙上的位置，如图 11-11 所示。如果女儿墙压顶轮廓不正确，则可以将其修改后重新加载，完成后单击"确定"按钮。

图 11-11 "编辑部件"对话框

（10）在视图中沿着外墙绘制女儿墙，使女儿墙与外墙的外侧重合，结果如图 11-12 所示。

图 11-12　绘制女儿墙

11.2　绘制屋顶

屋顶的具体绘制步骤如下。

（1）单击"建筑"选项卡→"构建"面板→"屋顶" 田 下拉列表→"迹线屋顶"按钮 ，打开"修改 | 创建屋顶迹线"选项卡和选项栏，如图 11-13 所示。

图 11-13　"修改 | 创建屋顶迹线"选项卡和选项栏

- 定义坡度：取消勾选此复选框，可以创建不带坡度的屋顶。
- 悬挑：定义悬挑距离。
- 延伸到墙中 (至核心层)：勾选此复选框，可以从墙核心处测量悬挑。

（2）在"属性"选项板中选择"基本屋顶 保温屋顶 - 混凝土"类型，单击"编辑类型"按钮 ，打开"类型属性"对话框。新建"锥形屋顶 - 混凝土"类型，单击"编辑"按钮，打开"编辑部件"对话框，如图 11-14 所示。

（3）删除层 6、层 4 和层 3，然后更改"面层 1 [4]"的材质为"EPDM 薄膜"，"厚度"为"2"；更改"保温层 / 空气层 [3]"的"厚度"为"50"，"结构 [1]"的"厚度"为"200"，连续单击"确定"按钮，如图 11-15 所示。

（4）在"属性"选项板中更改"自标高的底部偏移"为"252"，其他采用默认设置，如图 11-16所示。

图 11-14 "编辑部件"对话框

图 11-15 设置屋顶参数

"属性"选项板中的选项说明如下。

● 底部标高：设置迹线或拉伸屋顶的标高。

● 房间边界：勾选此复选框，则屋顶是房间边界的一部分。此属性在创建屋顶之前为只读，在绘制屋顶之后，可以选择屋顶，然后修改此属性。

● 与体量相关：勾选此复选框，表示此图元是从体量图元创建的。

● 自标高的底部偏移：设置高于或低于绘制时所处标高的屋顶高度。

● 截断标高：指定标高，在该标高上方的所有迹线屋顶几何图形都不会显示。以该方式剪切的屋顶可与其他屋顶组合，构成"荷兰式四坡屋顶""双重斜坡屋顶"或其他屋顶样式。

● 截断偏移：指定标高以上或以下的截断高度。

● 橡截面：通过指定橡截面来更改屋檐的样式，包括"垂直截面""垂直双截面"或"正方形双截面"3 种，如图 11-17 所示。

图 11-16 "属性"选项板

垂直截面

垂直双截面

正方形双截面

图 11-17 橡截面

- 封檐板深度：指定一个介于 0 和屋顶厚度之间的值。
- 最大屋脊高度：指定屋顶顶部位于建筑物底部标高以上的最大高度，可以使用"最大屋脊高度"工具设置最大允许屋脊高度。
- 坡度：将坡度定义线的值修改为指定值，而无须编辑草图。如果有一条坡度定义线，则此参数最初会显示一个值。
- 厚度：可以选择可变厚度参数值来修改屋顶或结构楼板的层厚度，如图 11-18 所示。

没有可变厚度层

有可变厚度层

图 11-18　厚度

如果没有可变厚度层，则整个屋顶或楼板将倾斜，并在平行的顶面和底面之间保持固定厚度。如果有可变厚度层，则屋顶或楼板的顶面将倾斜，而底部保持为水平平面，形成可变厚度楼板。

（5）在选项栏中取消勾选"定义坡度"和"延伸到墙中（至核心层）"复选框，设置"悬挑"为 0。

（6）单击"绘制"面板→"边界线"按钮 / "线"按钮 ，绘制屋顶迹线，并调整屋顶迹线使其成为一个闭合轮廓，如图 11-19 所示。

图 11-19　绘制屋顶迹线

（7）单击"修改 | 编辑迹线"选项卡→"模式"面板→"完成编辑模式"按钮 ，绘制图 11-20 所示的屋顶。

图 11-20　绘制屋顶

（8）打开"修改 | 屋顶"选项卡和选项栏，如图 11-21 所示。单击"形状编辑"面板→"添加分割线"按钮 ，在屋顶上添加分割线，结果如图 11-22 所示。

图 11-21　"修改 | 屋顶"选项卡和选项栏

图 11-22　添加分割线

- 修改子图元 ：可以操作选择楼板或屋顶上的一个或多个点或边。
- 添加点 ：可以向图元几何图形添加单独的点，形状修改工具可使用这些点来修改图元几何图形。
- 添加分割线 ：可以添加线性边，并将屋顶或结构楼板的现有面分割成更小的子面域。

- 拾取支座：可以拾取梁来定义分割线，并为结构楼板创建固定承重线。
- 重设形状：可以删除楼板形状，修改图元几何图形为其原始状态。

（9）选择分割线交叉点，更改高程为"3"，如图 11-23 所示。采用相同的方法，更改屋顶其他区域的高程。

选择操纵点	显示高程
输入新高程	更改结果

图 11-23　更改屋顶高程

知识点——建筑屋顶的类型

按屋面形式大体可将屋顶分为 4 类：平屋顶、坡屋顶、曲面屋顶及多波式折板屋顶。

- 平屋顶：屋面的最大坡度不超过 10%，民用建筑常用坡度为 1% ～ 3%。一般用现浇和预制的钢筋混凝土梁板做承重结构，并在屋面上做防水及保温处理。
- 坡屋顶：屋面坡度较大，在 10% 以上。坡屋顶有单坡、双坡、四坡和歇山等多种形式。单坡用于小跨度的房屋，双坡和四坡用于跨度较大的房屋。常用屋架做承重结构，用瓦材做屋面。
- 曲面屋顶：屋面形状为各种曲面，如球面、双曲抛物面等。承重结构有网架、钢筋混凝土整体薄壳、悬索结构等。
- 多波式折板屋顶：这类屋顶是由钢筋混凝土薄板制成的一种多波式屋顶。折板厚约 60mm，折板的波长为 2 ～ 3m，跨度为 9 ～ 15m，折板的倾角为 30°～ 38°。按每个波的截面形状又可以分为三角形及梯形两种。

11.3　绘制休息室屋顶

休息室屋顶的具体绘制步骤如下。

（1）将视图切换到 3F 楼层平面。单击"建筑"选项卡→"构建"面板→"屋顶" 下拉列表→"迹线屋顶"按钮，打开"修改 | 创建屋顶迹线"选项卡和选项栏。

（2）在"属性"选项板中选择"基本屋顶 常规 - 400mm"类型，更改"自标高的底部偏移"为"-450"，如图 11-24 所示。

（3）单击"绘制"面板→"边界线"按钮 ↖ /"线"按钮 ✐，在选项栏中勾选"定义坡度"复选框，输入"偏移"为"600"，绘制屋顶迹线，并调整屋顶迹线使其成为一个闭合轮廓，如图 11-25 所示。

图 11-24　"属性"选项板

图 11-25　绘制屋顶迹线

（4）选择左右两条屋顶迹线，在"属性"选项板中取消勾选"定义屋顶坡度"复选框，如图 11-26 所示。然后选择上下两条屋顶迹线，在"属性"选项板中输入"坡度"为-15°。

（5）单击"模式"面板→"完成编辑模式"按钮 ✔，将视图切换到三维视图，创建的屋顶如图 11-27 所示。

图 11-26　取消坡度

图 11-27　创建屋顶

（6）选择结构柱，打开"修改|结构柱"选项卡和选项栏，单击"修改柱"面板→"附着顶部/底部"按钮 ⟱，然后选择屋顶，结构柱被修剪，绘制过程如图 11-28 所示。

（7）采用相同的方法，更改另一个结构柱。

选择结构柱　　　　　　　　　　单击按钮

选择屋顶　　　　　　　　　　　结果

图 11-28　编辑结构柱的过程

（8）选择此处三层上的幕墙，单击"附着顶部 / 底部"按钮 ，在选项栏中选择"底部"选项，然后选择屋顶，在打开的提示对话框中单击"删除图元"按钮，结果如图 11-29 所示。

图 11-29　更改后的幕墙

第 **12** 章
楼梯设计

知识导引

　　楼梯是负责房屋各楼层间垂直交通联系的部分，是楼层人流疏散必经的通路。楼梯设计应根据使用要求，选择合适的形式，布置在恰当的位置，根据使用性质、人流通行情况和防火规范综合确定其的宽度和数量，并根据使用对象和使用场合选择最合适的坡度。栏杆扶手是楼梯的组成部分之一。本章将绘制各种常见的楼梯样式。

12.1 绘制直梯

直梯的具体绘制步骤如下。

（1）将视图切换到 1F 楼层平面。

（2）单击"建筑"选项卡→"构建"面板→"楼梯"按钮 🖐，打开"修改|创建楼梯"选项卡和选项栏，如图 12-1 所示。

图 12-1　"修改|创建楼梯"选项卡和选项栏

（3）在"属性"选项板中选择"组合楼梯 190mm 最大踢面 250mm 梯段"类型，如图 12-2 所示。"属性"选项板中的选项说明如下。

* 底部标高：设置楼梯的基面。
* 底部偏移：设置楼梯相对于底部标高的高度。
* 顶部标高：设置楼梯的顶部。
* 顶部偏移：设置楼梯相对于顶部标高的偏移量。
* 所需踢面数：踢面数是基于标高间的高度计算得出的。
* 实际踢面数：通常此值与"所需踢面数"相同，但如果未向给定梯段完整地添加正确的踢面数，则这两个值也可能不同。
* 实际踢面高度：显示实际踢面高度。
* 实际踏板深度：设置此值可以修改踏板深度，而不必创建新的楼梯类型。

（4）单击"编辑类型"按钮 🔡，打开楼梯"类型属性"对话框。新建"150mm 最大踢面 300mm 梯段"类型，更改"最大踢面高度"为"150"，"最小踏板深度"为"300"，如图 12-3 所示。单击"梯段类型"栏，打开图 12-4 所示的梯段构件"类型属性"对话框。更改"楼梯前缘长度"为"25"，"踏板厚度"为"6"，其他采用默认设置，连续单击"确定"按钮。

楼梯"类型属性"对话框中的选项说明如下。

* 最大踢面高度：指定楼梯图元上每个踢面的最大高度。
* 最小踏板深度：设置沿所有常用梯段的中心路径测量的最小踏板宽度（斜踏步、螺旋和直线）。此参数值不影响创建绘制的梯段。
* 最小梯段宽度：设置常用梯段的宽度的初始值。此参数值不影响创建绘制的梯段。
* 计算规则：单击"编辑"按钮，打开图 12-5 所示"楼梯计算器"对话框，计算楼梯的坡度。只计算新楼梯的踏板深度，现有楼梯不受影响。在使用楼梯计算器之前，要指定"最小踏板深度"和"最大踢面高度"这两个值。

图 12-2　"属性"选项板

提示　　楼梯计算器将采用在楼梯的实例属性中指定的踏板深度。如果指定的参数值导致计算器生成的值不在可接受结果的范围内，系统将显示一条警告。

图 12-3 楼梯"类型属性"对话框　　　　图 12-4 梯段构件"类型属性"对话框

- 梯段类型：定义楼梯图元中的所有梯段的类型。
- 平台类型：定义楼梯图元中的所有平台的类型。
- 功能：指定楼梯是内部的（默认值）还是外部的。
- 右侧支撑：指定是否连同楼梯一起创建"梯边梁（闭合）""支撑梁（开放）"或"没有右侧支撑"。梯边梁将踏板和踢面围住，支撑梁将踏板和踢面露出。
- 右侧支撑类型：定义用于楼梯的右侧支撑的类型。
- 左侧支撑：指定是否连同楼梯一起创建"梯边梁（闭合）""支撑梁（开放）"或"没有左侧支撑"。梯边梁将踏板和踢面围住，支撑梁将踏板和踢面露出。
- 左侧支撑类型：定义用于楼梯的左侧支撑的类型。
- 左侧侧向偏移：指定一个值，将左侧支撑从梯段边缘以水平方向偏移。
- 中间支撑：指示是否在楼梯中应用中间支撑。
- 中间支撑类型：定义用于楼梯的中间支撑的类型。
- 中间支撑数量：定义用于楼梯的中间支撑的数量。
- 剪切标记类型：指定显示在楼梯中的剪切标记的类型。

梯段构件"类型属性"对话框中的选项说明如下。

图 12-5 "楼梯计算器"对话框

- 踏板材质：单击□按钮，可以打开"材质浏览器"对话框，设置踏板材质。
- 踢面材质：单击□按钮，可以打开"材质浏览器"对话框，设置踢面材质。
- 踏板：勾选此复选框，可以将踏板包含在梯段的台阶中。
- 踏板厚度：指定踏板的厚度。
- 踏板轮廓：指定踏板边缘的轮廓形状，默认为矩形。
- 楼梯前缘长度：指定相对于下一个踏板的踏板深度悬挑量。

- 楼梯前缘轮廓：添加到踏板前侧或侧边的放样轮廓取决于"应用楼梯前缘轮廓"属性的规格。
- 应用楼梯前缘轮廓：指定要应用楼梯前缘轮廓的楼梯前缘边缘。
- 踢面：勾选此复选框，可以将踢面包含在梯段的台阶中。
- 斜梯：对于斜踢面，勾选此复选框；对于直踢面，取消勾选此复选框。
- 踢面厚度：指定踢面的厚度。
- 踢面轮廓：指定踢面边缘的轮廓形状，默认值为"矩形"。
- 踢面到踏板的连接：指定踢面与踏板的相互连接关系。

（5）在选项栏中设置"定位线"为"梯段：中心"，"偏移"为"0"，"实际梯段宽度"为"1625"，勾选"自动平台"复选框。

（6）单击"构件"面板→"梯段"按钮 / "直梯"按钮 （默认状态下，系统会激活这两个按钮），绘制楼梯，如图 12-6 所示。默认情况下，在创建梯段时会自动创建栏杆扶手。

绘制第一梯段　　　　　　　　　　第二梯段起点（中间为平台）

绘制第二梯段　　　　　　　　　　　　结果

图 12-6　绘制楼梯

（7）调整楼梯位置，单击"模式"面板→"完成编辑模式"按钮 ，完成楼梯的绘制，如图 12-7 所示。

（8）选择第（7）步创建的楼梯，单击"修改"面板→"镜像 - 绘制轴"按钮 ，绘制镜像轴，镜像楼梯，然后调整镜像后的楼梯，如图 12-8 所示。

图 12-7　调整楼梯

选择镜像对象　　　　　　　　　　绘制镜像轴

镜像楼梯　　　　　　　　　　调整楼梯位置

图 12-8　镜像楼梯

（9）为了方便观察楼梯，将东立面标记移动到图 12-9 所示的位置。

（10）选择楼梯，单击"修改 | 楼梯"选项卡→"多层楼梯"面板→"选择标高"按钮，打开"转到视图"对话框。选择"立面：东"视图，如图 12-10 所示。单击"打开视图"按钮，切换到东立面视图。

（11）系统自动打开"修改 | 多层楼梯"选项卡和选项栏，单击"连接标高"按钮，在视图中选择 3F 的标高线，单击"模式"面板→"完成编辑模式"按钮，完成多层楼梯的创建，如

图 12-11 所示。

图 12-9 移动东立面标记

图 12-10 "转到视图"对话框

图 12-11 创建多层楼梯

12.2 绘制转角楼梯

转角楼梯的具体绘制步骤如下。

（1）将视图切换到 1F 楼层平面。

（2）单击"建筑"选项卡→"构建"面板→"楼梯"按钮，打开"修改 | 创建楼梯"选项卡和选项栏。

（3）在选项栏中设置"定位线"为"梯段：中心"，"偏移"为"0"，"实际梯段宽度"为"1140"，勾选"自动平台"复选框。

（4）单击"构件"面板→"梯段"按钮 / "直梯"按钮（默认状态下，系统会激活这两个按钮），绘制楼梯，如图 12-12 所示。默认情况下，在创建梯段时会自动创建栏杆扶手。

绘制第一梯段　　　　　　　第二梯段起点（中间为平台）

绘制第二梯段　　　　　　　　　结果

图 12-12　绘制楼梯

（5）调整楼梯位置，选择挨着墙的栏杆和梯边梁，然后将其删除，如图 12-13 所示。

（6）单击"修改 | 楼梯"选项卡→"多层楼梯"面板→"连接标高"按钮🔧，打开"转到视图"对话框。选择"立面：东"视图，单击"打开视图"按钮，切换到东立面视图。在视图中选择 3F 的标高线，单击"模式"面板→"完成编辑模式"按钮✔，完成多层楼梯的创建，如图 12-14 所示。

图 12-13　调整楼梯位置

图 12-14　创建多层楼梯

（7）重复上述步骤，绘制另外两个尺寸相同的楼梯，如图 12-15 所示。

图 12-15　绘制另外两个尺寸相同的楼梯

12.3　绘制洞口

洞口的具体绘制步骤如下。

（1）单击"建筑"选项卡→"洞口"面板→"竖井"按钮，打开"修改 | 创建竖井洞口草图"选项卡和选项栏，如图 12-16 所示。

图 12-16　"修改 | 创建竖井洞口草图"选项卡和选项栏

（2）单击"绘制"面板→"边界线"按钮 / "矩形"按钮，绘制图 12-17 所示的边界线。

（3）在"属性"选项板中设置"底部约束"为"1F"，"底部偏移"为"10"，"顶部约束"为"直到标高：3F"，"顶部偏移"为"0"，其他采用默认设置，如图 12-18 所示。

图 12-17　绘制边界线

图 12-18　"属性"选项板

"属性"选项板中的选项说明如下。

● 底部约束：设置洞口的底部标高。

● 底部偏移：设置洞口距洞底定位标高的高度。

● 顶部约束：用于约束洞口顶部的标高。如果未定义墙顶定位标高，则洞口高度会在"无连接高度"中指定。

● 无连接高度：如果未定义"顶部约束"，则会使用洞口的高度（从洞底向上测量）。

● 顶部偏移：设置洞口距顶部标高的偏移距离。

● 创建的阶段：指示主体图元的创建阶段。

● 拆除的阶段：指示主体图元的拆除阶段。

图 12-19 绘制竖井洞口

（4）单击"模式"面板→"完成编辑模式"按钮✔，完成竖井洞口的绘制。将视图切换至三维视图，隐藏外墙，观察图形，如图 12-19 所示。

（5）采用相同的方法，绘制另外两个楼梯间的竖井洞口，洞口边界如图 12-20 所示。

图 12-20 洞口边界

（6）单击"建筑"选项卡→"洞口"面板→"竖井"按钮🔳，打开"修改|创建竖井洞口草图"选项卡和选项栏。

（7）单击"绘制"面板→"边界线"按钮🖍 /"矩形"按钮🔲，绘制图 12-21 所示的边界线。

（8）在"属性"选项板中设置"底部约束"为"1F"，"底部偏移"为"10"，"顶部约束"为"直到标高：屋顶"，"顶部偏移"为"−5"，其他采用默认设置，如图 12-22 所示。

（9）单击"模式"面板→"完成编辑模式"按钮✔，完成竖井洞口的绘制。将视图切换至三维视图，观察图形，如图 12-23 所示。

图 12-21 绘制边界线

图 12-22 "属性"选项板

图 12-23 绘制竖井洞口

12.4 洞口加顶

洞口加顶的具体绘制步骤如下。

（1）将视图切换至 4F 楼层平面。

（2）单击"建筑"选项卡→"构建"面板→"墙"按钮 🗋，打开"修改 | 放置 墙"选项卡和选项栏。

（3）在"属性"选项板的类型下拉列表中选择"基本墙 内部 -138mm 隔断 (1 小时)"类型，设置"定位线"为"面层面：内部"，"底部约束"为"4F"，"底部偏移"为"0"，"顶部约束"为"直到标高：屋顶"，"顶部偏移"为"50"，其他采用默认设置，如图 12-24 所示。

（4）沿着洞口边线绘制墙体，结果如图 12-25 所示。

图 12-24　"属性"选项板

图 12-25　绘制墙体

（5）将视图切换至屋顶楼层平面。

（6）单击"建筑"选项卡→"构建"面板→"屋顶"▦下拉列表→"迹线屋顶"按钮▰，打开"修改 | 创建屋顶迹线"选项卡和选项栏。

（7）在选项栏中勾选"定义坡度"复选框，在"属性"选项板中选择"玻璃斜窗"类型，设置"底部标高"为"屋顶"，"自标高的底部偏移"为"50"，如图 12-26 所示。

（8）单击"绘制"面板→"边界线"按钮▰ /"矩形"按钮▱，绘制屋顶迹线，如图 12-27 所示。

图 12-26　"属性"选项板

图 12-27　绘制屋顶迹线

（9）在"属性"选项板中更改"坡度"为15°，单击"模式"面板→"完成编辑模式"按钮✔，完成玻璃屋顶的创建，如图12-28所示。

（10）单击"建筑"选项卡→"构建"面板→"幕墙 网格"按钮▦，打开"修改 | 放置 幕墙网格"选项卡和选项栏。采用默认设置，在玻璃屋顶上绘制网格，如图12-29所示。

图12-28　创建玻璃屋顶

图12-29　绘制网格

（11）单击"建筑"选项卡→"构建"面板→"竖梃"按钮▦，打开"修改 | 放置 竖梃"选项卡和选项栏，单击"全部网格线"按钮▦。

（12）在"属性"选项板中选择"矩形竖梃 30mm 正方形"类型，单击"编辑类型"按钮▦，打开"类型属性"对话框，更改"材质"为"金属 - 铝 - 黑色"，如图12-30所示，单击"确定"按钮。

（13）在视图中选择玻璃屋顶上的网格，添加竖梃，结果如图12-31所示。

图12-30　"类型属性"对话框

图12-31　添加竖梃

（14）采用相同的方法，绘制另外两个玻璃屋顶，结果如图 12-32 所示。

图 12-32　绘制另外两个玻璃屋顶

12.5　绘制栏杆

栏杆的具体绘制步骤如下。

（1）将视图切换至 2F 楼层平面。

（2）单击"建筑"选项卡→"构建"面板→"栏杆扶手" 下拉列表→"绘制路径"按钮 ，打开"修改 | 创建栏杆扶手路径"选项卡和选项栏，如图 12-33 所示。

图 12-33　"修改 | 创建栏杆扶手路径"选项卡和选项栏

（3）在"属性"选项板中选择"栏杆扶手 900mm 圆管"类型，单击"编辑类型"按钮 ，打开"类型属性"对话框。新建"护栏 - 圆管"类型，设置"栏杆偏移"为"−25"，取消勾选"使用顶部扶栏"复选框，如图 12-34 所示。

"类型属性"对话框中的选项说明如下。

● 扶栏结构 (非连续)：单击"编辑"按钮，打开"编辑扶手 (非连续)"对话框，可以设置每个扶栏的扶栏名称、高度、偏移、轮廓（形状）和材质。

● 栏杆位置：单击"编辑"按钮，打开"编辑栏杆位置"对话框，可以定义栏杆样式。

● 栏杆偏移：距扶栏绘制线的栏杆偏移。通过设置此属性和扶栏偏移的值，可以创建扶栏和栏杆的不同组合。

● 使用平台高度调整：控制平台栏杆扶手的高度。栏杆扶手和平台像在楼梯梯段上一样，使用相同的高度。

● 平台高度调整：基于中间平台或顶部平台"栏杆扶手高度"参数的指示值增大或减小栏杆扶手高度。

● 斜接：如果两段栏杆扶手在平面内相交成一定角度，但没有垂直连接，则可以从以下选项中选择。

图 12-34　"类型属性"对话框

✓ 添加垂直/水平线段：创建连接。

✓ 不添加连接件：留下间隙。

● 切线连接：如果两段栏杆扶手在平面中共线或相切，但没有垂直连接，则可以选择"添加垂直/水平线段""不添加连接件"或"延伸扶手使其相交"。此属性可用于栏杆扶手高度在平台处进行了修改，或者栏杆扶手延伸至楼梯末端之外的情况下创建平滑连接，可以逐个替换每个连接的连接方法。

● 扶栏连接：如果 Revit 无法在栏杆扶手段之间进行连接时创建斜接连接，则可以从以下选项中选择。

✓ 修剪：使用垂直平面剪切分段。

✓ 焊接：以尽可能接近斜接的方式连接分段，这种方式最适合圆形扶栏轮廓。

● 高度：设置栏杆扶手系统中顶部扶栏的高度。

● 类型：指定顶部扶栏的类型。

● 侧向偏移：报告上述栏杆偏移值。

● 高度：扶手类型属性中指定的扶手高度。

● 位置：指定扶手相对于栏杆扶手系统的位置。

● 类型：指定扶手类型。

（4）单击扶栏结构栏中的"编辑"按钮，打开"编辑扶手（非连续）"对话框。更改"扶栏 1"的"高度"为"1066"，"偏移"为"-25"，其他采用默认设置。继续更改其他扶栏，然后单击"插入"按钮，输入"名称"，并更改其他参数，如图 12-35 所示。单击"确定"按钮，返回"类型属性"对话框。

图 12-35 "编辑扶手（非连续）"对话框

（5）单击"栏杆位置"栏中的"编辑"按钮，打开"编辑栏杆位置"对话框。在"常规栏"中更改"相对前一栏杆的距离"为"1200"，在支柱栏中设置"顶部"为"扶栏 1"，其他采用默认设置，单击"确定"按钮，如图 12-36 所示。

图 12-36 "编辑栏杆位置"对话框

（6）单击"绘制"面板→"线"按钮，在选项栏中输入"偏移"为"75"，沿着洞口绘制栏杆路径，如图 12-37 所示。单击"模式"面板→"完成编辑模式"按钮，完成栏杆的创建。

（7）将视图切换至三维视图，并将刚绘制的栏杆隔离，观察栏杆，如图 12-38 所示。

图 12-37 绘制栏杆路径   图 12-38 绘制洞口栏杆

（8）采用相同的方法，绘制二层其他洞口和三层洞口的栏杆，如图 12-39 所示。

二层栏杆　　　　　　　三层栏杆

图 12-39　绘制二、三层洞口栏杆

（9）将视图切换至 2F 楼层平面。

（10）单击"建筑"选项卡→"构建"面板→"栏杆扶手" 下拉列表→"绘制路径"按钮 ，打开"修改 | 创建栏杆扶手路径"选项卡和选项栏。

（11）在"属性"选项板中选择"栏杆扶手 护栏 - 圆管"类型，单击"绘制"面板→"线"按钮 ／"起点 - 终点 - 半径弧"按钮 ，在选项栏中输入"偏移"为"-100"，沿着楼板边缘绘制栏杆路径，如图 12-40 所示。

（12）单击"模式"面板→"完成编辑模式"按钮 ，完成栏杆的绘制，如图 12-41 所示。

图 12-40　绘制栏杆路径　　　　　　　图 12-41　绘制栏杆

第 **13** 章
外部设计

知识导引

本章主要介绍培训大楼入口雨棚、外墙上的分隔条、遮光支架和遮光板的绘制方法。

13.1 绘制入口雨棚

雨棚是设在建筑物出入口或顶部阳台上方用来挡雨、挡风、防高空落物的一种建筑装配。

13.1.1 绘制结构柱

结构柱的具体绘制步骤如下。

（1）将视图切换至1F楼层平面。单击"建筑"选项卡→"构建"面板→"柱" 🗔 下拉列表→"结构柱"按钮 🗔，打开"修改 | 放置 结构柱"选项卡和选项栏。

（2）在"属性"选项板中选择"混凝土 - 圆形 - 柱 450mm"类型，在视图中放置结构柱，如图13-1所示。

（3）选择结构柱，在"属性"选项板中更改"底部标高"和"顶部标高"为"1F"，"底部偏移"为"-1220"，"顶部偏移"为"610"，如图13-2所示。

图 13-1 放置结构柱

图 13-2 设置结构柱参数

（4）在"属性"选项板中选择"UC- 普通柱 - 柱 UC305×305×97"类型，单击"编辑类型"按钮 🗔，打开"类型属性"对话框。更改"宽度"为"20cm"，"高度"为"25cm"，"法兰厚度"和"腹杆厚度"为"1cm"，其他采用默认设置，如图13-3所示。

（5）在圆形结构柱上放置UC结构柱，在"属性"选项板中更改"底部偏移"为"610"，"顶部标高"为"2F"，"顶部偏移"为"230"，结果如图13-4所示。

图 13-3　"类型属性"对话框

图 13-4　绘制 UC 结构柱

13.1.2　绘制结构梁

结构梁的具体绘制步骤如下。

（1）将视图切换至 2F 楼层平面。单击"结构"选项卡→"结构"面板→"梁"按钮，打开"修改 | 放置 梁"选项卡和选项栏，如图 13-5 所示。

图 13-5　"修改 | 放置 梁"选项卡和选项栏

- 放置平面：在此下拉列表中可以选择梁的放置平面。
- 结构用途：指定梁的结构用途，包括"大梁""水平支撑""托梁""檩条"等。
- 三维捕捉：勾选此复选框，可以捕捉任何视图中的其他结构图元。不论高程如何，屋顶梁都将捕捉到柱的顶部。
- 链：勾选此复选框，可以依次连续放置梁。放置梁时第二次单击的位置将作为下一个梁的起点。按 Esc 键，完成链式放置梁。

（2）在"属性"选项板中选择"热轧 H 型钢 HW400×400×13×21"类型，单击"编辑类型"按钮，打开"类型属性"对话框。更改"宽度"为"12cm"，"高度"为"31cm"，其他采用默认设置，单击"确定"按钮，如图 13-6 所示。

（3）单击"绘制"面板→"线"按钮 ／ /"起点 - 终点 - 半径弧"按钮，绘制梁，然后在"属性"选项板中更改"起点标高偏移"和"终点标高偏移"为"230"，如图 13-7 所示。

图 13-6 "类型属性"对话框

图 13-7 绘制梁

13.1.3　绘制梁系统

梁系统的具体绘制步骤如下。

（1）单击"结构"选项卡→"结构"面板→"梁系统"按钮▥，打开"修改|创建梁系统边界"选项卡和选项栏，如图 13-8 所示。

图 13-8 "修改|创建梁系统边界"选项卡和选项栏

（2）在"属性"选项板中输入"标高中的高程"为"230"，设置"布局规则"为"固定距离"，"固定间距"为"610"，"对正"为"中心"，如图 13-9 所示。

（3）单击"绘制"面板→"线"按钮▱／"起点 - 终点 - 半径弧"按钮ρ，绘制梁系统的边界线，如图 13-10 所示。

图 13-9 "属性"选项板

图 13-10 绘制边界线

（4）单击"模式"面板→"完成编辑模式"按钮✔，完成的结构梁系统，如图 13-11 所示。

（5）选择梁系统，然后单击"编辑边界"按钮，进入编辑边界环境。

（6）单击"绘制"面板→"梁方向"按钮，拾取水平方向的直线的方向为梁方向，如图 13-12 所示。单击"模式"面板→"完成编辑模式"按钮 ✔，更改后的梁系统如图 13-13 所示。

图 13-11　梁系统　　　　　　　　图 13-12　更改梁方向

图 13-13　更改后的梁系统

13.1.4　绘制顶

顶的具体绘制步骤如下。

（1）单击"建筑"选项卡→"构建"面板→"屋顶"下拉列表中的"迹线屋顶"按钮，打开"修改 | 创建屋顶迹线"选项卡和选项栏。

（2）在"属性"选项板中选择"基本屋顶 常规 -125mm"类型，单击"编辑类型"按钮，打开"类型属性"对话框。新建"常规 -75mm"类型，单击"编辑"按钮，打开"编辑部件"对话框。更改"结构［1］"的"厚度"为"75"，如图 13-14 所示。连续单击"确定"按钮。

（3）在选项栏中取消勾选"定义坡度"复选框，单击"绘制"面板中的"边界线"按钮／"线"按钮／"起点 - 终点 - 半径弧"按钮，输入"偏移"为"250"，绘制屋顶迹线。调整屋顶迹线，使其成为一个闭合轮廓，如图 13-15 所示。

图 13-14 "编辑部件"对话框

图 13-15 绘制屋顶迹线

（4）在"属性"选项板中更改"自标高的底部偏移"为"230"，其他采用默认设置，如图 13-16 所示。

（5）单击"修改 | 编辑迹线"选项卡→"模式"面板→"完成编辑模式"按钮 ✔，将视图切换到三维视图，创建的屋顶如图 13-17 所示。

图 13-16 "属性"选项板

图 13-17 屋顶

13.1.5 绘制洞口

洞口的具体绘制步骤如下。

（1）在 ViewCube 上单击"左"，将视图切换至左视图，如图 13-18 所示。

（2）单击"建筑"选项卡→"洞口"面板→"墙洞口"按钮 ，选择外墙为要创建洞口的墙，在墙上单击，确定矩形的起点，然后移动鼠标指针到适当位置并单击，确定矩形对角点，绘制一个矩形洞口，如图 13-19 所示。

图 13-18　左视图

图 13-19　绘制矩形洞口

13.2　绘制分隔条

分隔条的具体绘制步骤如下。

（1）单击"建筑"选项卡→"构建"面板→"墙" 列表→"墙：分隔条"按钮，打开"修改 | 放置 分隔条"选项卡和选项栏，如图 13-20 所示。

图 13-20　"修改 | 放置 分隔条"选项卡和选项栏

（2）将鼠标指针拖曳到墙上，以高亮显示要放置分隔条的位置，如图 13-21 所示，单击放置分隔条。

图 13-21　放置分隔条

（3）按 Esc 键退出此命令。选择刚绘制的分隔条，拖曳控制点调整其长度，然后在"属性"选项板中更改"相对标高的偏移"为"5800"，如图 13-22 所示。

（4）单击"建筑"选项卡→"构建"面板→"墙" 列表→"墙：分隔条"按钮，打开"修改 | 放置 分隔条"选项卡和选项栏，单击"垂直"按钮，在外墙上放置分隔条。

（5）选择分隔条，拖曳控制点调整其长度，然后双击临时尺寸，更改其位置，如图 13-23 所示。

（6）将视图切换至前视图，采用相同的方法在外墙上绘制分隔条，如图 13-24 所示。

图 13-22　添加竖直分隔条

图 13-23　修改分隔条长度

图 13-24　添加分隔条

（7）将视图切换至右视图，采用相同的方法在外墙上绘制分隔条，如图 13-25 所示。

图 13-25　绘制分隔条

13.3　绘制遮光支架

遮光支架的具体绘制步骤如下。

（1）单击"插入"选项卡→"从库中载入"面板→"载入族"按钮，打开"载入族"对话框。选择"遮光支架 .rfa"族文件，如图 13-26 所示，单击"打开"按钮，打开该族文件。

图 13-26 "载入族"对话框

（2）单击"建筑"选项卡→"构建"面板→"构件" 下拉列表→"放置构件"按钮，将遮光支架放置在图 13-27 所示的位置。

（3）按 Esc 键退出当前命令操作，然后选择放置的遮光支架，调整其位置，并修改临时尺寸，如图 13-28 所示。

图 13-27 放置遮光支架　　　图 13-28 调整遮光支架的位置和尺寸

（4）单击"修改 | 常规模型"选项卡→"修改"面板→"阵列"按钮，拾取阵列起点，然后

水平向左拖曳鼠标指针，设置阵列间距为"2000"，输入阵列个数为"20"，按 Enter 键完成阵列操作，如图 13-29 所示。

（5）单击"建筑"选项卡→"构建"面板→"构件" 🗐 下拉列表→"放置构件"按钮 🗐，将遮光支架放置在图 13-30 所示的位置。

图 13-29　阵列遮光支架

（6）单击"修改 | 常规模型"选项卡→"修改"面板→"阵列"按钮 🔡，拾取阵列起点，然后水平向左拖曳鼠标指针，设置阵列间距为"2000"，输入阵列个数为"4"，按 Enter 键完成阵列操作，如图 13-31 所示。

图 13-30　放置遮光支架

图 13-31　阵列结果

（7）单击"建筑"选项卡→"构建"面板→"构件" 下拉列表→"放置构件"按钮，将遮光支架放置在图 13-32 所示的位置。

（8）单击"修改 | 常规模型"选项卡→"修改"面板→"阵列"按钮，拾取阵列起点，然后水平向左拖曳鼠标指针，设置阵列间距为"2000"，输入阵列个数为"12"，按 Enter 键完成阵列操作，如图 13-33 所示。

图 13-32　放置遮光支架（1）　　　　　　　　图 13-33　阵列结果（1）

（9）单击"建筑"选项卡→"构建"面板→"构件" 下拉列表→"放置构件"按钮，将遮光支架放置在图 13-34 所示的位置。

（10）单击"修改 | 常规模型"选项卡→"修改"面板→"阵列"按钮，拾取阵列起点，然后水平向左拖曳鼠标指针，设置阵列间距为"2000"，输入阵列个数为"4"，按 Enter 键完成阵列操作，如图 13-35 所示。

图 13-34　放置遮光支架（2）　　　　　　　图 13-35　阵列结果（2）

13.4　绘制遮光板

遮光板的具体绘制步骤如下。

（1）将视图切换至 1F 楼层平面。

（2）单击"建筑"选项卡→"构建"面板→"楼板" 下拉列表→"楼板：建筑"按钮，
打开"修改 | 创建楼层边界"选项卡和选项栏。

（3）在"属性"选项板中选择"楼板常规 -150mm"类型，单击"编辑类型"按钮 ，打开"类
型属性"对话框。新建"金属遮光板"类型，单击"编辑"按钮，打开"编辑部件"对话框，单击
"材质"栏中的 按钮，打开"材质浏览器"对话框。

（4）在对话框中选择"不锈钢"材质，将其复制并更改名称为"金属 - 遮光"。在"外观"选
项卡中的"金属"选项组中设置"饰面"为"拉丝"，勾选"剪切"复选框，设置"类型"为"方形"，
"大小"为"4"，"中心间距"为"0.0001"，如图 13-36 所示。

图 13-36　"外观"选项卡

（5）在"图形"选项卡中勾选"使用渲染外观"复选框，其他采用默认设置，单击"确定"按钮，
如图 13-37 所示。

（6）返回"编辑部件"对话框，修改"结构 [1]"的"厚度"为"12.5"，连续单击"确定"按钮。

（7）单击"绘制"面板→"边界线"按钮 / "矩形"按钮 ，绘制图 13-38 所示的边界线。

（8）在"属性"选项板中更改"自标高的高度偏移"为"2600"，其他采用默认设置，如
图 13-39 所示。

（9）单击"修改 | 编辑迹线"选项卡"模式"面板中的"完成编辑模式"按钮 ，将视图切
换到三维视图，创建的遮光板如图 13-40 所示。

（10）将视图切换至南立面视图。

图 13-37 "图形"选项卡

图 13-38 绘制边界线

图 13-39 "属性"选项板

图 13-40 创建遮光板

（11）选择第（9）步创建的遮光板，单击"修改"面板→"复制"按钮🔧，拾取移动起点。在选项栏中勾选"多个"复选框，向上拖曳鼠标指针，捕捉二、三层上遮光支架上的点作为端点，完成遮光板的复制，如图 13-41 所示。

（12）采用相同的方法，在其他遮光支架上绘制遮光板，如图 13-42 所示。

图 13-41　复制遮光板　　　　　　　　图 13-42　绘制遮光板

第 **14** 章
场地设计

知识导引

　　一般来说，场地设计是为满足一个建设项目的要求，在基地现有条件和相关的法规、规范的基础上，组织场地中各构成要素之间关系的活动。其根本目的是通过设计使场地中的各要素（尤其是建筑物）与其他要素形成一个有机整体，以发挥效用，并使对基地的利用达到最佳状态，以充分发挥用地效益，节约土地资源，减少浪费。本章主要介绍场地设计的基本方法。

14.1　绘制地形表面

地形表面的具体绘制步骤如下。

（1）将视图切换至场地楼层平面视图。

（2）单击"视图"选项卡→"图形"面板→"可见性／图形"按钮，打开"楼层平面：场地的可见性／图形替换"对话框。在"注释类别"选项卡中取消勾选"轴网"复选框，单击"确定"按钮，如图14-1所示，使场地平面图中的轴网不可见，如图14-2所示。

图14-1　"楼层平面：场地的可见性／图形替换"对话框

图14-2　隐藏轴网

（3）在绘制地形之前，先对场地进行设置。单击"体量和场地"选项卡→"场地建模"面板→"场地设置"按钮，打开"场地设置"对话框，如图14-3所示，采用默认设置，单击"确定"按钮。

"场地设置"对话框中的选项说明如下。

① "显示等高线"选项组。

● 间隔：勾选此复选框，可以设置等高线间的间隔。

● 经过高程：等高线间隔是根据这个值来确定的。例如，如果将"经过高程"设置为"10"，则等高线将显示在"–20""–10""0""10""20"的位置。如果将"经过高程"设置为 5，则等高线将显示在"–25""–15""–5""5""15""25"的位置。

● 附加等高线：关于附加等高线的相关参数列表内容如下。

图 14-3　"场地设置"对话框

 ✓ 开始：设置附加等高线开始显示的高程。

 ✓ 停止：设置附加等高线不再显示的高程。

 ✓ 增量：设置附加等高线的间隔。

 ✓ 范围类型：选择"单一值"，可以插入一条附加等高线；选择"多值"，可以插入增量附加等高线。

 ✓ 子类别：设置将显示的等高线类型，包括"次等高线""三角形边缘""主等高线"和"隐藏线"4 种类型。

 ✓ 插入：单击此按钮，可以插入一条新的附加等高线。

 ✓ 删除：选择附加等高线，单击此按钮，可以删除选择的等高线。

② "剖面图形"选项组。

● 剖面填充样式：设置在剖面视图中显示的材质。单击▭按钮，打开"材质浏览器"对话框，可以设置剖面填充样式。

● 基础土层高程：设置土壤横断面的深度（例如 –25m），该值控制项目中全部地形图元的土层深度。

③ "属性数据"选项组。

● 角度显示：指定建筑红线标记上角度值的显示。

● 单位：指定显示建筑红线表中的方向值时要使用的单位。

（4）单击"体量和场地"选项卡→"场地建模"面板→"地形表面"按钮🏞，打开"修改 | 编辑表面"选项卡和选项栏，如图 14-4 所示。

图 14-4　"修改 | 编辑表面"选项卡和选项栏

● 放置点🏠：通过在绘图区中放置点并设置高程来创建地形表面。

● 通过导入创建🏠：根据从 DWG、DXF 或 DGN 文件导入的三维等高线数据自动生成地形表面。Revit 会分析数据并沿等高线放置一系列高程点。

● 指定点文件🏠：将点文件导入，以在 Revit 模型中创建地形表面。点文件使用高程点的规则网格来提供等高线数据。如果该文件中有两个点的 x 和 y 坐标值分别相等，则 Revit 会使用 z 坐标值最大的点。

● 简化表面：当使用大量的点创建地形表面时，可以简化表面以提高系统性能。当地形表面简化后，等高线的精度和几何图形可能会受到影响。

（5）系统默认激活"放置点"按钮，在选项栏中输入"高程"值，绘制图 14-5 所示的地形表面。

图 14-5　绘制地形表面

（6）单击"属性"选项板→"材质"栏→ 按钮，打开"材质浏览器"对话框，选择"草"材质，复制并重命名为"草地"，对其进行设置，如图 14-6 所示。

图 14-6　"材质浏览器"对话框

（7）单击"工具"面板→"放置点"按钮，在选项栏中输入"高程"值，继续绘制地形表面，如图 14-7 所示。

（8）单击"模式"面板→"完成编辑模式"按钮，完成地形表面的创建。如果需要对地形表面进行修改，可以选择地形表面，单击"修改 | 地形"选项卡→"编辑表面"按钮，对地形表面进行编辑。

图 14-7　绘制地形表面

14.2　绘制建筑地坪

通过在地形表面绘制闭合环，可以添加建筑地坪。绘制地坪后，可以指定一个值来控制其距标高的高度偏移，还可以指定其他属性。可通过在建筑地坪之内绘制闭合环来定义地坪中的洞口，还可以为该建筑地坪定义坡度。

建筑地坪的具体绘制步骤如下。

（1）单击"体量和场地"选项卡→"场地建模"面板→"建筑地坪"按钮，打开"修改 | 创建建筑地坪边界"选项卡和选项栏，如图 14-8 所示。

图 14-8　"修改 | 创建建筑地坪边界"选项卡和选项栏

（2）单击"绘制"面板→"边界线"按钮 / "线"按钮（默认状态下，"边界线"按钮是启动状态），沿着圈梁外侧绘制闭合的建筑地坪边界线，如图 14-9 所示。

图 14-9　绘制建筑地坪边界线

（3）单击"模式"面板→"完成编辑模式"按钮，完成建筑地坪的创建。

14.3 绘制建筑红线

建筑红线的具体绘制步骤如下。

（1）单击"体量和场地"选项卡→"修改场地"面板→"建筑红线"按钮 🗗，打开"创建建筑红线"询问对话框，如图 14-10 所示。

（2）单击"通过绘制来创建"选项，打开"修改|创建建筑红线草图"选项卡和选项栏，如图 14-11 所示。

图 14-10 "创建建筑红线"
询问对话框

图 14-11 "修改|创建建筑红线草图"选项卡和选项栏

> 💿 提示 　　如果单击"通过输入距离和方向角来创建"选项，则打开"建筑红线"对话框，在对话框中输入"距离"和"方位角"值可以绘制建筑红线，如图 14-12 所示。

（3）单击"绘制"面板→"线"按钮 ✏️，绘制建筑红线草图，如图 14-13 所示。

图 14-12 "建筑红线"对话框

图 14-13 绘制建筑红线

>
> 提示 　　这些线应当形成一个闭合环。如果绘制一个开放环并单击"完成建筑红线"，对 Revit 会发出一条警告，说明无法计算面积。可以忽略该警告继续工作，或将环闭合。

（4）单击"模式"面板→"完成编辑模式"按钮 ✔️，完成建筑红线的创建，如图 14-14 所示。

图 14-14　创建建筑红线

14.4　绘制道路

道路的具体绘制步骤如下。

（1）单击"体量和场地"选项卡→"修改场地"面板→"子面域"按钮，打开"修改|创建子面域边界"选项卡和选项栏，如图 14-15 所示。

图 14-15　"修改|创建子面域边界"选项卡和选项栏

（2）单击"绘制"面板→"线"按钮　/"起点 - 终点 - 半径弧"按钮，绘制建筑子面域边界线，如图 14-16 所示。

图 14-16　绘制子面域边界线

> 提示　　通常使用单个闭合环创建地形表面子面域。如果创建多个闭合环，则只有第一个环用于创建子面域，其余环将被忽略。

（3）单击"属性"选项板→"材质"栏→按钮，打开"材质浏览器"对话框，选择"沥青，人行道，深灰色"材质，对其进行设置，如图 14-17 所示。

（4）单击"模式"面板→"完成编辑模式"按钮 ✔，完成子面域的创建，如图 14-18 所示。

图 14-17　"材质浏览器"对话框　　　　　　　　图 14-18　创建子面域

14.5　绘制停车场

可以将停车位添加到地形表面中，并将地形表面定义为停车场构件的主体。

停车场的具体绘制步骤如下。

（1）单击"体量和场地"选项卡→"场地建模"面板→"停车场构件"按钮 ▥，打开"修改|停车场构件"选项卡和选项栏，如图 14-19 所示。

图 14-19　"修改|停车场构件"选项卡和选项栏

（2）在"属性"选项板中选择"停车位 4800×2400mm -90 度"类型，其他采用默认设置，如图 14-20 所示。

（3）在停车场左上角放置图 14-21 所示的停车场构件，然后在停车场右下角放置停车场构件，并利用"修改"面板中的"旋转"按钮 ↻ 和"移动"按钮 ✛，调整停车场构件的位置，如图 14-21 所示。

（4）单击"修改"面板→"阵列"按钮 ▦，阵列停车场构件，使其布满停车场，最终效果如图 14-22 所示。

图 14-20　"属性"选项板

图 14-21 放置并调整停车场构件

图 14-22 阵列停车场构件

14.6 布置绿植

绿植的具体布置步骤如下。

（1）单击"体量和场地"选项卡→"场地建模"面板→"场地构件"按钮 🌳，打开"修改 | 场地构件"选项卡和选项栏，如图 14-23 所示。

图 14-23 "修改 | 场地构件"选项卡和选项栏

（2）在"属性"选项板中选择"RPC 树 - 落叶树 猩红栎 -12.5 米"类型，设置"标高中的高程"为"-50"，其他采用默认设置，如图 14-24 所示。

（3）在地形表面上适当的位置单击，放置猩红栎，如图 14-25 所示。

（4）在"属性"选项板中选择"RPC 树 - 落叶树 红枫 -9 米"类型，设置"标高中的高程"为"-50"，其他采用默认设置，将红枫放置在图 14-26 所示的位置。

（5）在"属性"选项板中选择"RPC 树 - 落叶树 皂荚树 -7.6 米"类型，设置"标高中的高程"为"-50"，其他采用默认设置，将皂荚树放置在图 14-27 所示的位置。

（6）在"属性"选项板中选择"RPC 树 - 落叶树 金链花 -5.5 米"类型，设置"标高中的高程"为"-50"，其他采用默认设置，将金链花放置在图 14-28 所示的位置。

图 14-24　"属性"选项板

图 14-25　放置猩红栎

图 14-26　放置红枫

图 14-27　放置皂荚树

图 14-28　放置金链花

（7）单击"模式"面板→"载入族"按钮，打开"载入族"对话框。选择"Chinese"→"建

筑"→"植物"→"3D"→"灌木"文件夹中的"灌木 2 3D.rfa"族文件，单击"打开"按钮，载
入该族文件，如图 14-29 所示。

图 14-29　"载入族"对话框

（8）在"属性"选项板中选择"灌木 2"类型，设置"标高中的高程"为"−50"，其他采用默
认设置，将灌木放置在图 14-30 所示的位置。

图 14-30　放置灌木

第 15 章
家具布置

 知识导引

　　家具是室内陈设的重要组成部分，室内家具布置是室内设计工作中极其重要的部分。通常，除了交通性质的通道等空间外，绝大多数的空间在布置家具前是难以付诸使用和难以识别其功能性质的，更谈不上其功能的实际效应。如果要设计的是一个确定的建筑空间，其尺寸、形状以及墙的位置已经固定，那么在设计时，首先应该考虑的就是根据功能布置家具。本章主要介绍家具布置的常用方法。

15.1　三楼走廊布置

三楼走廊的具体布置步骤如下。

（1）将视图切换至 3F 楼层平面视图。

（2）单击"建筑"选项卡→"构建"面板→"构件" ⬚ 下拉列表→"放置构件"按钮 ⬚，打开"修改 | 放置 构件"选项卡和选项栏，如图 15-1 所示。

图 15-1　"修改 | 放置 构件"选项卡和选项栏

（3）单击"模式"面板→"载入族"按钮 📥，打开"载入族"对话框。选择"Chinese"→"建筑"→"家具"→"3D"→"沙发"文件夹中的"单人沙发 3.rfa"族文件，单击"打开"按钮，载入该族文件，如图 15-2 所示。

（4）在选项栏中勾选"放置后旋转"复选框，将单人沙发放置在走廊中适当的位置，并旋转角度，然后调整沙发的位置，如图 15-3 所示。

图 15-2　"载入族"对话框

图 15-3　放置单人沙发

（5）单击"建筑"选项卡→"构建"面板→"构件" ⬚ 下拉列表→"放置构件"按钮 ⬚，打开"修改 | 放置 构件"选项卡和选项栏。

（6）单击"模式"面板→"载入族"按钮 📥，打开"载入族"对话框。选择"Chinese"→"建筑"→"家具"→"3D"→"桌椅"→"桌子"文件夹中的"边桌 2.rfa"族文件，单击"打开"按钮，载入该族文件，如图 15-4 所示。

（7）在"属性"选项板中单击"编辑类型"按钮 🔲，打开"类型属性"对话框。新建"0610×0610×0407mm"类型边桌，将"高度"更改为"407"，单击"确定"按钮，如图 15-5 所示。

（8）将边桌文件放置在走廊中适当的位置，然后调整边桌的位置，如图 15-6 所示。

图 15-4 "载入族"对话框

图 15-5 "类型属性"对话框

图 15-6 放置边桌

（9）单击"建筑"选项卡→"构建"面板→"构件"🔲下拉列表→"放置构件"按钮🔲，打开"修改 | 放置 构件"选项卡和选项栏。

（10）单击"模式"面板→"载入族"按钮📥，打开"载入族"对话框。选择"Chinese"→"建筑"→"植物"→"3D"→"盆栽"文件夹中的"盆栽 5 3D.rfa"族文件，单击"打开"按钮，载入该族文件，如图 15-7 所示。

（11）在"属性"选项板中设置"标高中的高程"为"407"，单击"编辑类型"按钮🔲，打开"类型属性"对话框。将"高度"更改为"600"，单击"确定"按钮，如图 15-8 所示。

图 15-7 "载入族"对话框

（12）将盆栽放置在边桌上，如图 15-9 所示。

图 15-8 "类型属性"对话框

图 15-9 放置盆栽

（13）单击"建筑"选项卡→"构建"面板→"构件" 下拉列表→"放置构件"按钮 ，打开"修改|放置 构件"选项卡和选项栏。

（14）单击"模式"面板→"载入族"按钮 ，打开"载入族"对话框，选择"垃圾桶.rfa"族文件，单击"打开"按钮，载入该族文件，如图 15-10 所示。

（15）将垃圾桶文件放置在走廊中适当的位置，然后调整垃圾桶的位置，如图 15-11 所示。

（16）采用相同的方法，在三楼走廊中布置其他的家具，如图 15-12 所示。

图 15-10 "载入族"对话框

图 15-11 放置垃圾桶　　　　　　　　　图 15-12 布置其他的家具

15.2 一楼自助餐厅布置

一楼自助餐厅的具体布置步骤如下。

（1）将视图切换至 1F 楼层平面。

（2）在项目浏览器中选择"楼层平面"→"1F"节点，单击鼠标右键，在弹出的快捷菜单中单击"复制视图"→"带细节复制"命令，如图 15-13 所示。

（3）在项目浏览器中选择"楼层平面"→"1F 副本 1"节点，单击鼠标右键，在弹出的快捷菜单中单击"重命名"命令，输入名称为"1F- 家具布置"，并切换此视图。

（4）单击"视图"选项卡→"图形"面板→"可见性 / 图形"按钮，打开"楼层平面：1F- 家具布置的可见性 / 图形替换"对话框。在"注释类别"选项卡中勾选"在此视图中显示注释类别"复选框，取消勾选"轴网"复选框，单击"确定"按钮，如图 15-14 所示，设置 1F- 家具布置层中的轴线不可见，如图 15-15 所示。

（5）单击"建筑"选项卡→"构建"面板→"构件"下拉列表→"放置构件"按钮，打开"修改 | 放置 构件"选项卡和选项栏。

图 15-13　快捷菜单

图 15-14　"楼层平面：1F- 家具布置的可见性 / 图形替换"对话框

（6）单击"模式"面板→"载入族"按钮，打开"载入族"对话框。选择"Chinese"→"建筑"→"家具"→"3D"→"桌椅"→"桌椅组合"文件夹中的"餐桌 - 圆形带餐椅 .rfa"族文件，单击"打开"按钮，载入该族文件，如图 15-16 所示。

图 15-15　隐藏轴线

图 15-16　"载入族"对话框

（7）单击"修改 | 放置 构件"选项卡→"属性"面板→"编辑类型"按钮，打开"类型属性"对话框。在类型下拉列表中选择"1525mm 直径"类型，椅子个数自动更改为"6"，其他采用默认设置，单击"确定"按钮，如图 15-17 所示。

（8）将餐桌组合放置在自助餐厅中适当的位置，如图 15-18 所示。

（9）单击"修改"选项卡→"修改"面板→"阵列"按钮，在视图中选择餐桌，按 Enter 键确认，打开"阵列"选项栏。单击"线性"按钮，选择"第二个"单选项，如图 15-19 所示。

（10）选择餐桌的下端点为起点，向左拖曳，当临时尺寸显示为"3000"时单击，然后输入项目数为"5"，按 Enter 键确认，完成餐桌的阵列，如图 15-20 所示。

（11）按住 Ctrl 键的同时选择阵列后的餐桌，单击"修改"选项卡→"修改"面板→"复制"按钮，将其向下复制，距离为"2500"，结果如图 15-21 所示。

（12）单击"建筑"选项卡→"构建"面板→"构件"下拉列表→"放置构件"按钮，打开"修改 | 放置 构件"选项卡和选项栏。在"属性"选项板中选择"餐桌 - 圆形带餐椅 0915mm 直径"类型，将其放置在图 15-22 所示的位置。

图 15-17　"类型属性"对话框

图 15-18　放置 6 人餐桌

图 15-19　"阵列"选项栏

图 15-20　阵列 6 人餐桌　　　　　　　　　图 15-21　复制餐桌

（13）单击"修改"选项卡→"修改"面板→"阵列"按钮 ，在视图中选择餐桌，按 Enter 键确认，打开"阵列"选项栏。单击"线性"按钮 ，选择"第二个"单选项。

（14）选择餐桌的下端点为起点，向左移动，当临时尺寸显示为"2000"时单击，然后输入项目数为"5"，按 Enter 键确认，完成餐桌的阵列，如图 15-23 所示。

图 15-22　放置 4 人餐桌　　　　　　　　　图 15-23　阵列 4 人餐桌

其他楼层的家具布置就不再一一介绍，读者可以自己进行布置。

第 16 章
渲染视图

知识导引

Revit 可以生成使用"真实"视觉样式构建模型的实时渲染视图，也可以使用"渲染"工具创建模型的照片级真实感图像，还可以使用不同的效果和内容（如照明、植物、贴花和人物）来渲染三维视图。本章主要介绍相机视图、渲染和漫游的相关知识。

16.1　相机视图

在渲染之前，一般要先创建相机透视图，以便生成不同地点、不同角度的场景。

16.1.1　创建走廊相机视图

创建走廊相机视图的具体操作步骤如下。

（1）将视图切换至 3F 天花板平面视图。

（2）单击"视图"选项卡→"创建"面板→"三维视图" 🏠 下拉列表→"相机"按钮 📷，在走廊的右下端放置相机，如图 16-1 所示。

（3）拖曳鼠标指针，确定相机的方向，设置视觉范围，如图 16-2 所示。

图 16-1　放置相机　　　　　　　　　图 16-2　设置视觉范围

（4）单击放置相机视点，系统自动创建一张三维视图，同时在项目浏览器中增加了"相机视图：三维视图 1"。

（5）在"属性"选项板中更改"视点高度"和"目标高度"为"9350"，三维视图如图 16-3 所示。

（6）单击视图控制栏→"视觉样式"按钮 🔲，在打开的列表中选择"真实"选项，如图 16-4 所示。真实效果如图 16-5 所示。

（7）在项目浏览器中选择第（6）步创建的"三维视图 1"，单击鼠标右键，在弹出的快捷菜单中单击"重命名"命令，如图 16-6 所示。输入名称为"3F 走廊视图"。

图 16-3　三维视图

图 16-4　视觉样式

图 16-5　真实效果

图 16-6　快捷菜单

16.1.2　创建外景相机视图

创建外景相机视图的具体操作步骤如下。

（1）将视图切换至场地平面视图。

（2）单击"视图"选项卡→"创建"面板→"三维视图" 下拉列表→"相机"按钮 ，在平面视图的左下角放置相机，如图 16-7 所示。

（3）拖曳鼠标指针，确定相机的方向，设置视觉范围如图 16-8 所示。

（4）单击放置相机视点，系统自动创建一张三维视图，同时在项目浏览器中增加了"相机视图：三维视图 1"，如图 16-9 所示。

图 16-7 放置相机

图 16-8 设置视觉范围

（5）单击"修改 | 相机"选项卡→"裁剪"面板→"尺寸裁剪"按钮▓，打开"裁剪区域尺寸"对话框。更改模型裁剪尺寸的"宽度"为"310mm"，"高度"为"110mm"，其他采用默认设置，单击"确定"按钮，如图 16-10 所示，更改尺寸后的三维视图如图 16-11 所示。

图 16-9 三维视图

图 16-10 "裁剪区域尺寸"对话框

图 16-11 更改尺寸后的三维视图

（6）将视图切换至场地楼层平面视图，拖曳相机的控制点，调整相机的视图范围，如图 16-12 所示。

选择控制点　　　　　　　拖曳控制点

结果

图 16-12　调整相机的视图范围

（7）双击三维视图 1，切换至三维视图，选择并拖曳视图窗口中的控制点，调整视图范围，结果如图 16-13 所示。

图 16-13　调整视图范围

（8）单击视图控制栏中的"视觉样式"按钮 ▱ ，在打开的列表中选择"着色"选项，效果如图 16-14 所示。

（9）在项目浏览器中选择第（4）步创建的"三维视图 1"，单击鼠标右键，在弹出的快捷菜单中单击"重命名"命令，输入名称为"外部视图"。

图 16-14　着色效果

16.2　渲染

渲染可以为建筑模型创建照片级真实感的图像。

16.2.1　外景渲染

外景渲染的具体操作步骤如下。

（1）单击"视图"选项卡→"演示视图"面板→"渲染"按钮 ⚙，打开"渲染"对话框，设置质量为"最佳"，"分辨率"为"屏幕"，照明方案为"室外：仅日光"，背景样式为"天空：无云"，如图 16-15 所示。单击"日光设置"栏右侧的"选择太阳位置"按钮 ⬜，打开"日光设置"对话框，选择"静止"单选项，其他采用默认设置，单击"确定"按钮，返回"渲染"对话框，如图 16-16 所示。

图 16-15　"渲染"对话框

图 16-16　"日光设置"对话框

"渲染"对话框中的选项说明如下。

- 区域：勾选此复选框，在三维视图中，Revit 会显示渲染区域边界。选择渲染区域，并使用软件中的蓝色夹具来调整其尺寸。对于正交视图，也可以拖曳渲染区域，以在视图中移动其位置。
- 质量：为渲染图像指定所需的质量。包括"绘图""中""高""最佳""自定义"和"编辑"6 种。
  - ✓ 绘图：尽快渲染，生成预览图像；可以模拟照明和材质，但阴影缺少细节；渲染速度最快。
  - ✓ 中：快速渲染，生成预览图像，获得模型的总体印象；可以模拟粗糙和半粗糙材质；该设置最适用于没有复杂照明或材质的室外场景，渲染速度中等。
  - ✓ 高：相对中等质量，渲染所需时间较长；模拟照明和材质更准确，尤其是镜面（金属类型）材质；可以对软性阴影和反射进行高质量渲染；该设置最适用于有简单照明的室内和室外场景；渲染速度慢。
  - ✓ 最佳：以较高的照明和材质精确度渲染图像，以高质量水平渲染半粗糙材质的软性阴影和柔和反射，此渲染质量对复杂的照明环境尤为有效；渲染所需的时间最长，渲染速度最慢。
  - ✓ 自定义：使用"渲染质量设置"对话框中指定的设置，渲染速度取决于自定义设置。
  - ✓ 编辑：使用"渲染质量设置"对话框对指定的渲染质量进行编辑。
- 输出设置——分辨率：选择"屏幕"单选项，为屏幕显示生成渲染图像；选择"打印机"单选项，生成供打印的渲染图像。
- 照明：在方案中选择照明方案。如果选择了日光方案，则可以在"日光设置"对话框中调整日光的照明设置；如果选择使用人造灯光的照明方案，则单击"人造灯光"按钮，可以打开"人造灯光"对话框控制渲染图像中的人造灯光。
- 背景：可以为渲染图像指定背景，背景可以是单色、天空和云或者自定义图像。注意创建包含自然光的内部视图时，天空和云背景可能会影响渲染图像中灯光的质量。
- 调整曝光：单击此按钮，打开"曝光控制"对话框，可帮助将真实世界的亮度值转换为真实的图像，曝光控制模仿人眼对与颜色、饱和度、对比度和眩光有关的亮度值的反应。

（2）单击"渲染"按钮，打开图 16-17 所示"渲染进度"对话框，显示渲染进度。勾选"当渲染完成时关闭对话框"复选框，则渲染完成后将自动关闭对话框，渲染结果如图 16-18 所示。

图 16-17 "渲染进度"对话框

图 16-18 渲染图形

（3）单击"渲染"对话框中的"调整曝光"按钮，打开"曝光控制"对话框。拖曳各个选项的滑块，调整数值，也可以直接输入数值，如图 16-19 所示。单击"应用"按钮，结果如图 16-20 所示。然后单击"确定"按钮，关闭"曝光控制"对话框。

"曝光控制"对话框中的选项说明如下。

● 曝光值：指定渲染图像的总体亮度。此设置类似于具有自动曝光的摄影机中的曝光补偿设置。可以输入一个介于"-6"（较亮）和"16"（较暗）之间的值。

● 高亮显示：指定图像最亮区域的灯光级别。可以输入一个介于"0"（较暗的高亮显示）和"1"（较亮的高亮显示）之间的值，默认值是"0.25"。

● 阴影：指定图像最暗区域的灯光级别。可以输入一个介于"0.1"（较亮的阴影）和"1"（较暗的阴影）之间的值，默认值为"0.2"。

图 16-19　"曝光控制"对话框

● 饱和度：指定渲染图像中颜色的亮度。可以输入一个"0"（灰色 / 黑色 / 白色）到"5"（更鲜艳的色彩）之间的值，默认值为"1"。

● 白点：指定应该在渲染图像中显示为白色的光源色温。此设置类似于数码相机上的白平衡设置。如果渲染图像看上去橙色太浓，则减小"白点"值；如果渲染图像看上去太蓝，则增大"白点"值。

图 16-20　调整曝光后的图形

（4）单击"渲染"对话框中的"保存到项目中"按钮，打开"保存到项目中"对话框，输入"名称"为"培训大楼效果图"，单击"确定"按钮，如图 16-21 所示。

（5）将渲染完的图像保存在项目中，如图 16-22 所示。

图 16-21　"保存到项目中"对话框

图 16-22　项目浏览器

（6）关闭"渲染"对话框后，视图显示为相机视图，双击项目浏览器中的"培训大楼效果图"，打开渲染图像。

（7）单击"文件"程序菜单→"导出"→"图像和动画"→"图像"命令，打开"导出图像"对话框，如图 16-23 所示。

"导出图像"对话框中的选项说明如下。

- 修改：根据需要修改图像的默认路径和文件名。
- 导出范围：指定要导出的图像。
  - ✓ 当前窗口：选择此单选项，将导出绘图区域中的所有内容，包括当前查看区域以外的部分。
  - ✓ 当前窗口可见部分：选择此单选项，将导出绘图区域中当前可见的任何部分。
  - ✓ 所选视图 / 图纸：选择此单选项，将导出指定的图纸和视图。单击"选择"按钮，打开图 16-24 所示的"视图 / 图纸集"对话框，选择所需的图纸和视图，单击"确定"按钮。

图 16-23 "导出图像"对话框   图 16-24 "视图 / 图纸集"对话框

- 图像尺寸：指定图像的显示属性。
  - ✓ 将视图 / 图纸缩放以适合：要指定图像的输出尺寸和方向。Revit 将在水平或垂直方向将图像缩放到指定数目的像素。
  - ✓ 将视图 / 图纸缩放为实际尺寸的：输入百分比，Revit 将按指定的缩放设置输出图像。
- 选项：选择所需的输出选项。默认情况下，导出的图像中的链接以黑色显示。勾选"用蓝色表示视图链接"复选框，显示蓝色链接。勾选"隐藏参照 / 工作平面""隐藏范围框""隐藏裁剪边界"或"隐藏未参照视图的标记"复选框，在导出的视图中隐藏不必要的图形部分。
- 格式：选择着色视图和非着色视图的输出格式。

（8）单击"修改"按钮，打开"指定文件"对话框，设置图像的保存路径和文件名，如图 16-25 所示。单击"保存"按钮，返回"导出图像"对话框。

（9）在"图像尺寸"选项组中设置"像素"为"1024"，"方向"为"水平"，在"格式"选项组中设置"着色视图"和"非着色视图"为"JPEG（无失真）"，其他采用默认设置，单击"确定"按钮，导出图像，如图 16-26 所示。

（10）在保存位置打开保存的图像，如图 16-27 所示。

图 16-25　"指定文件"对话框

图 16-26　设置导出图像参数

图 16-27　打开图像

16.2.2　走廊场景渲染

渲染走廊场景的具体操作步骤如下。

（1）双击 3F 走廊视图，将视图切换至 3F 走廊视图。

（2）单击"视图"选项卡→"演示视图"面板→"渲染"按钮，打开"渲染"对话框。在质量设置的下拉列表中选择"编辑"选项，打开"渲染质量设置"对话框。在"质量设置"下拉列表中选择"自定义（视图专用）"，在"光线和材质精度"选项组中选择"高级 - 精确材质和阴影"单选项，其他采用默认设置，单击"确定"按钮，返回"渲染"对话框，如图 16-28 所示。

（3）在"渲染"对话框中"输出设置"选择"屏幕"分辨率，照明方案为"室内：日光和人造光"，单击"日光设置"栏右侧的"选择太阳位置"按钮，打开"日光设置"对话框。选择"照明"单选项，在"预设"栏中选择"来自右上角的日光"选项，取消勾选"地平面的标高"复选框，其他采用默认设置，单击"确定"按钮，如图 16-29 所示。

图 16-28 "渲染"对话框

图 16-29 "日光设置"对话框

"日光设置"对话框中的选项说明如下。

● 日光研究：若要基于指定的地理位置定义日光设置，则选择"静止""一天"或"多天"单选项；若要基于方位角和仰角定义日光设置，则选择"照明"单选项。

● 预设：选择某一预定义的日光设置。

● 地平面的标高：勾选此复选框时，会在二维和三维着色视图中指定的标高上投射阴影。取消勾选此复选框，会在地形表面（如果存在）上投射阴影。

（4）单击"渲染"按钮，打开"渲染进度"对话框，显示渲染进度。勾选"当渲染完成时关闭对话框"复选框，则渲染完成后将自动关闭对话框，渲染结果如图 16-30 所示。

（5）单击"渲染"对话框中的"调整曝光"按钮，打开"曝光控制"对话框。拖曳各个选项的滑块调整数值，也可以直接输入数值，如图 16-31 所示。单击"应用"按钮，结果如图 16-32 所示。单击"确定"按钮，关闭"曝光控制"对话框。

图 16-30 渲染图形

图 16-31 "曝光控制"对话框

图 16-32 调整曝光后的图形

（6）单击"渲染"对话框中的"保存到项目中"按钮，打开"保存到项目中"对话框，输入名称为"三层走廊效果图"，单击"确定"按钮，将渲染完的图像保存在项目中。

（7）单击"导出"按钮，打开"保存图像"对话框，设置图像的保存路径和文件名，单击"保存"按钮，导出图像，如图 16-33 所示。

图 16-33 "保存图像"对话框

16.3 漫游

创建漫游是指通过建筑模型的路径，可以由此创建动画或一系列图像，向客户展示模型。

此路径由帧和关键帧组成。关键帧是指可在其中修改相机方向和位置的帧。默认情况下，漫游创建为一系列透视图，但也可以创建为正交三维视图。

16.3.1　创建漫游路径

创建漫游路径的具体操作步骤如下。

（1）将视图切换至 1F 楼层平面，也可以在其他视图（包括三维视图、立面视图及剖面视图）中创建漫游。

（2）单击"视图"选项卡→"创建"面板→"三维视图" 下拉列表→"漫游"按钮 ，打开"修改 | 漫游"选项卡和选项栏，如图 16-34 所示。

图 16-34　"修改 | 漫游"选项卡和选项栏

（3）在选项栏中取消勾选"透视图"复选框，设置"偏移"距离为"1750"。

（4）在当前视图的大楼外围任意位置单击，作为漫游路径的开始位置，然后沿大楼外围单击，逐个放置关键帧，如图 16-35 所示。

（5）继续放置关键帧，直至路径围绕大楼一周，完成绘制，如图 16-36 所示。

图 16-35　绘制路径　　　　　　　　　　　　图 16-36　完成路径绘制

（6）单击"漫游"面板→"完成漫游"按钮 ，结束路径的绘制。

（7）在项目浏览器中新增漫游视图"漫游 1"，双击"漫游 1"，打开漫游视图，如图 16-37 所示。

图 16-37　漫游视图

16.3.2　编辑漫游

编辑漫游的具体操作步骤如下。

（1）将视图切换至 1F 楼层平面。

（2）单击"修改 | 相机"选项卡→"漫游"面板→"编辑漫游"按钮💅，如图 16-38 所示，打开"编辑漫游"选项卡和选项栏。

图 16-38　"编辑漫游"选项卡和选项栏

（3）此时漫游路径上会显示关键帧，如图 16-39 所示。

（4）在选项栏中设置控制为"路径"，路径上的关键帧变为控制点，拖曳控制点，可以调整路径形状，如图 16-40 所示。

图 16-39　显示关键帧　　　　　　　　图 16-40　编辑路径

（5）在选项栏中设置"控制"为"添加关键帧"，然后在路径上单击可以添加关键帧，如图 16-41 所示。

（6）在选项栏中设置"控制"为"删除关键帧"，然后在路径上单击要删除的关键帧，可以删除关键帧，如图 16-42 所示。

图 16-41　添加关键帧　　　　　　　　　　　图 16-42　删除关键帧

（7）单击选项栏中的帧后面的"300.0"数值，打开"漫游帧"对话框，更改"总帧数"为"200"，勾选"指示器"复选框，输入"帧增量"为"10"，单击"确定"按钮，如图 16-43 所示，效果如图 16-44 所示。图中圆点代表自行设置的关键帧，正方形点代表系统添加的指示帧。

图 16-43　"漫游帧"对话框

图 16-44　添加指示帧

"漫游帧"对话框中的选项说明如下。

- 总帧数：设置漫游中的总帧数。
- 总时间：显示总漫游持续时间。总时间为只读值，由"总帧数"和"帧 / 秒"的值确定。
- 匀速：勾选该复选框，相机沿整个路径行进的默认匀速速度将应用到漫游。
- 帧 / 秒：设置漫游动画的每秒帧数。
- 关键帧：显示漫游路径中每个关键帧的编号。
- 帧：沿路径为每个关键帧标识帧编号。
- 加速器：设置和显示漫游在特定关键帧处的播放速度。

- 速度 (每秒) : 显示相机沿路径移动时，通过每个关键帧的速度（每秒移动的距离），其值由加速器值确定。
- 已用时间 (秒) : 显示从第一个关键帧开始的已用时间。
- 指示器：勾选此复选框，可沿漫游路径查看帧分布。
- 帧增量：勾选"指示器"复选框，输入"帧增量"值，以便指示器按此值进行显示。

（8）在选项栏中设置"控制"为"活动相机"，然后拖曳相机，调整相机角度，如图 16-45 所示。单击"下一关键帧"按钮 ▷◫️，调整关键帧的相机角度，采用相同的方法，调整其他关键帧的相机角度。

（9）在选项栏中输入"1"，单击"漫游"面板→"播放"按钮 ▷，开始播放漫游，如果中途要停止播放，可以按 Esc 键结束播放。

图 16-45　调整相机角度

16.3.3　导出漫游

可以将漫游导出为视频或图像文件。

将漫游导出为图像文件时，漫游的每个帧都会保存为单个文件，可以导出所有帧或一定范围的帧。

具体操作步骤如下。

（1）将视图切换至漫游 1 视图。

（2）单击"文件"程序菜单→"导出"→"图像和动画"→"漫游"命令，打开"长度 / 格式"对话框。设置"视觉样式"为"带边框的真实感"，其他采用默认设置，单击"确定"按钮，如图 16-46 所示。

"长度 / 格式"对话框中的选项说明如下。

- 全部帧：导出整个动画。
- 帧范围：选择此单选项，可以在下面指定该范围内的起点帧和终点帧。
- 帧 / 秒：设置导出后漫游的速度为每秒多少帧。默认为 15 帧，播放速度比较快；建议设置为 3 ～ 4 帧，此速度比较合适。
- 视觉样式：设置导出后漫游中图像的视觉样式，包括"线框""隐藏线""着色""带边框着色""一致的颜色""真实""带边框的真实感"和"渲染"。
- 尺寸标注：指定帧在导出文件中的大小。如果输入一个尺寸标注的值，软件会计算并显示另一个尺寸标注的值以保持帧的比例不变。

图 16-46　"长度 / 格式"对话框

- 缩放为实际尺寸的：输入缩放百分比，软件会计算并显示相应的尺寸标注值。
- 包含时间和日期戳：勾选此复选框，在导出的漫游动画或图片上会显示时间和日期。

（3）打开"导出漫游"对话框，设置保存路径、文件名和文件类型，单击"保存"按钮，如图 16-47 所示。

图 16-47 "导出漫游"对话框

（4）打开"视频压缩"对话框，默认压缩程序为"全帧（非压缩的）"。由于此方式生成的文件非常大，因此选择"Microsoft Video 1"压缩程序，单击"确定"按钮，将漫游文件导出为 AVI 文件，如图 16-48 所示。

图 16-48 "视频压缩"对话框

第 17 章
施工图设计

知识导引

　　建筑施工图可以反映建筑物的规划位置、内外装修、构造及施工要求等，包括首页（图纸目录、设计说明）、总平面图、平面图、立面图、剖面图和详图等。

　　施工图设计是指根据施工要求，画出一套完整的、反映建筑物整体及各细部构造和结构的图样，以及相关的技术资料。本章主要介绍施工图设计的步骤和方法。

17.1　总平面图

在画有等高线或坐标方格网的地形图上,加画上新设计的,以及将来拟建的房屋、道路、绿化等,必要时可以画上各种管线布置以及地表水排放情况,并标明建筑基地方位及风向的图形称为总平面图。总平面图是进行施工组织、场地布置,以及对建筑定位放线的依据,也是评价建筑合理性程度的重要依据之一。通常将总平面图放在整套施工图的首页。

17.1.1　总平面图内容概括

总平面图用来表现整个建筑基地的总体布局,表现新建建筑物及构筑物位置、朝向及周边环境关系。这也是总平面图的基本功能。总平面图专业设计成果包括设计说明书、设计图纸以及根据合同规定的鸟瞰图、模型等。总平面图只是其中的设计图纸部分,在不同设计阶段,总平面图除了具备其基本功能外,表达设计意图的深度和倾向也有所不同。

在方案设计阶段,总平面图着重体现新建建筑物的体量大小、形状,以及与周边道路、房屋、绿地、广场和红线之间的空间关系,同时传达室外空间设计效果。因此,方案图在具有必要的技术性的基础上,还强调艺术性的体现。就目前实际应用的情况来看,除了绘制 CAD 线条图,还需对线条图进行套色、渲染处理或制作鸟瞰图、模型等。总之,在方案设计阶段,设计者会不遗余力地展现自己设计方案的优点及魅力,以期在竞争中胜出。

在初步设计阶段,要考虑到总平面图设计中涉及的各种因素和环节(如道路红线、建筑红线或用地界线、建筑控制高度、容积率、建筑密度、绿地率、停车位数以及总平面布局、周围环境、空间处理、交通组织、环境保护、文物保护、分期建设等),推敲方案的合理性、科学性和可实施性,进一步准确落实各种技术指标,深化竖向设计,为设计施工图做准备。

在施工图设计阶段,总平面专业成果包括图纸目录、设计说明、设计图纸和计算书。其中设计图纸包括总平面图、竖向布置图、土方图、管道综合图、景观布置图及详图等。总平面图是新建房屋定位、放线以及布置施工现场的依据,因此必须详细、准确、清楚。

17.1.2　创建培训大楼总平面图

1. 具体绘制步骤

(1)将视图切换至场地楼层视图。

(2)单击"属性"选项板→"视图范围"栏→"编辑"按钮,打开"视图范围"对话框。设置"主要范围"选项组中的"顶部"为"相关标高(1F)","偏移"为"100000","剖切面"为"相关标高(1F)","偏移"为"100000","底部"为"标高之下","偏移"为"0";设置"视图深度"选项组的"标高"为"标高之下","偏移"为"0",如图 17-1 所示。单击"确定"按钮,视图如图 17-2 所示。

(3)单击"视图"选项卡→"图形"面板→"可见性/图形"按钮,打开"楼层平面:场地的可见性/图形替换"对话框。在"注释类别"选项卡中取消勾选"立面"复选框,单击"确定"按钮,如图 17-3 所示,即可设置场地层中的立面标记不可见,如图 17-4 所示。

图 17-1　"视图范围"对话框

图 17-2　视图

图 17-3　"楼层平面：场地的可见性 / 图形替换"对话框

（4）单击"注释"选项卡→"标记"面板→"按类别标记"按钮①，打开"修改 | 标记"选项卡和选项栏，如图 17-5 所示。

（5）单击选项栏中的"标记"按钮，打开"载入的标记和符号"对话框，选择"场地"→"建筑红线线段"，如图 17-6 所示。单击"载入族"按钮，打开"载入族"对话框，选择"建筑红线线段标记"族文件，单击"打开"按钮，返回"载入的标记和符号"对话框，其他采用默认设置，单击"确定"按钮，载入建筑红线线段标记。

图 17-4　隐藏立面标记

图 17-5　"修改 | 标记"选项卡和选项栏

（6）在选项栏中取消勾选"引线"复选框，在视图中选择建筑红线，添加建筑红线线段标记，如图 17-7 所示。继续添加其他建筑红线线段标记。

图 17-6　"载入的标记和符号"对话框　　　　图 17-7　添加建筑红线线段标记

（7）在"场地：项目基点"上单击鼠标右键，在弹出的快捷菜单中单击"在视图中隐藏"→"图元"命令，如图 17-8 所示，隐藏"场地：项目基点"。采用相同的方法，隐藏"场地：测量点"。

（8）单击"注释"选项卡→"尺寸标注"面板→"高程点"按钮，打开"修改 | 放置尺寸标注"选项卡和选项栏。在选项栏中取消勾选"引线"复选框，设置"显示高程"为"实际（选定）高程"，如图 17-9 所示。

图 17-8　快捷菜单

图 17-9　"修改 | 放置尺寸标注"选项卡和选项栏

（9）在"属性"选项板中选择"高程点 三角形 (项目)"类型，单击"编辑类型"按钮，打开"类型属性"对话框，新建"三角形 (项目) 场地"类型。更改"文字大小"为"10mm"，其他采用默认设置，单击"确定"按钮，如图 17-10 所示。

（10）将高程点放置在视图中适当的位置，如图 17-11 所示。

图 17-10　"类型属性"对话框

图 17-11　标注高程点

（11）单击"注释"选项卡→"尺寸标注"面板→"对齐"按钮，在"属性"选项板中选择"线性尺寸标注样式 对角线 -3mm RomanD(场地)- 引线 - 共线文字"类型，单击"编辑类型"按钮，打开"类型属性"对话框。新建"对角线 -7mm RomanD(场地)- 引线 - 共线文字"类型，更改"文字大小"为"7mm"，其他采用默认设置，单击"确定"按钮，如图 17-12 所示。

（12）标注建筑范围，如图 17-13 所示。

图 17-12 "类型属性"对话框　　　　　　　　　图 17-13　标注建筑范围

（13）单击"视图"选项卡→"图纸组合"面板→"图纸"按钮 ，打开"新建图纸"对话框，在列表中选择"A0 公制"图纸，单击"确定"按钮，如图 17-14 所示。

图 17-14 "新建图纸"对话框

（14）新建 A0 图纸，并显示在项目浏览器的图纸节点下，如图 17-15 所示。

图 17-15　新建 A0 图纸

（15）单击"视图"选项卡→"图纸组合"面板→"放置视图"按钮，打开"视图"对话框。在列表中选择"楼层平面：场地"视图，如图 17-16 所示。然后单击"在图纸中添加视图"按钮，将视图添加到图纸中，如图 17-17 所示。

图 17-16　"视图"对话框

图 17-17　添加视图到图纸

（16）从图 17-17 中可以看出视图比图纸大，所以选择视图，在"属性"选项板中更改"视图比例"为"自定义"，输入比例值"1∶300"，如图 17-18 所示。拖曳视图到图纸中适当的位置，如图 17-19 所示。

（17）在图纸中选择标题和视口，单击"修改 | 视口"选项卡→"视图"面板→"在视图中隐藏"下拉列表→"隐藏图元"按钮，如图 17-20 所示。隐藏选择的图元，效果如图 17-21 所示。

2. 创建指北针符号

（1）在主页中单击"族"→"新建"按钮，或者单击"文件"程序菜单→"新建"→"族"命令，打开"新族 - 选择样板文件"对话框。选择"注释"文件夹中的"公制常规注释 .rft"为样板族，单击"打开"按钮，进入族编辑器，如图 17-22 所示。

图 17-18　更改比例

图 17-19　调整视图的比例和位置

图 17-20　下拉列表

图 17-21　隐藏图元

图 17-22 "新族 - 选择样板文件"对话框

（2）删除族样板中默认提供注意事项文字。

（3）单击"创建"选项卡→"详图"面板→"线"按钮，打开"修改 | 放置 线"选项卡和选项栏。单击"绘制"面板→"圆"按钮，在视图中心位置绘制圆，修改半径为 12mm，如图 17-23 所示。

（4）单击"创建"选项卡→"详图"面板→"线"按钮，打开"修改 | 放置 线"选项卡和选项栏。单击"绘制"面板→"线"按钮，在选项栏中输入"偏移"值为"1.5"，捕捉上下象限点，绘制竖线，如图 17-24 所示。

图 17-23 绘制圆　　　　　　　　　　图 17-24 绘制竖线

（5）单击"创建"选项卡→"详图"面板→"填充区域"按钮，打开"修改 | 创建填充区域边界"选项卡。单击"绘制"面板→"线"按钮，设置子类别为不可见线，然后分别捕捉上象限点和竖线与圆的交点，绘制填充边界，如图 17-25 所示。单击"模式"面板→"完成编辑模式"按钮，然后删除竖直线，如图 17-26 所示。

（6）单击"创建"选项卡→"文字"面板→"文字"按钮 A，在图形上输入文字"北"，单击"放置编辑文字"选项卡→"关闭"按钮，并调整文字位置，结果如图 17-27 所示。

（7）单击"快速访问"工具栏→"保存"按钮，打开"另存为"对话框。输入名称为"指北针"，单击"保存"按钮，保存族文件，关闭文件。

（8）单击"注释"选项卡→"符号"面板→"符号"按钮，打开"修改 | 放置 符号"选项

卡和选项栏。单击"模式"面板→"载入族"按钮 ，打开"载入族"对话框，选择第（7）步创建的"指北针.rfa"族文件，单击"打开"按钮，将其放置在图纸中的右上角，如图 17-28 所示。

图 17-25　绘制填充边界　　　　　　　　　图 17-26　填充区域

图 17-27　输入文字　　　　　　　　　图 17-28　放置指北针

（9）单击"注释"选项卡→"文字"面板→"文字"按钮 **A**，在"属性"选项板中选择"文字 宋体 10mm"类型，在图形下方输入"培训大楼总平面图"文字，然后在"属性"选项板中选择"文字 宋体 7.5mm"类型，输入比例值"1：300"，结果如图 17-29 所示。

培训大楼总平面图 1:300

图 17-29　标注文字

（10）双击图框上的文字，对其进行更改。这里更改图纸名称为"培训大楼总平面图"，如图 17-30 所示。也可以直接在"属性"选项板中更改图纸名称。

图 17-30　更改文字

知识点——总平面图尺寸标注

总平面图上应标注新建房屋的总长、总宽及与周围房屋或道路的间距，尺寸以米（m）为单位，标注到小数点后两位。新建房屋的层数在房屋图形右上角用点数或数字表示。一般低层、多层用点数表示层数，高层用数字表示层数。如果为群体建筑，则可统一用点数或数字表示层数。

17.2　平面图

平面图主要反映房屋的平面形状、大小和房间的布置，墙柱的位置、厚度和材料，门窗的类型和位置等。平面图是施工过程中施工放线、砌墙、安装门窗、预留孔洞、室内装修及编制预算、施工备料等工作的重要依据，是施工图中最基本、最重要的图样之一。

17.2.1　平面图概述

平面图是假想用一个水平的剖切平面沿着窗台以上的门窗洞口处将房屋剖切开，移走剖切平面以上部分而得的水平剖面图。

1. 平面图的图示要点

（1）每个平面图对应一个建筑物楼层，并注有相应的图名。

（2）可以表示多层的一张平面图称为标准层平面图。标准层平面图中各层的房间数量、大小和布置都必须一样。

（3）当建筑物左右对称时，可以将两层平面图绘制在同一张图纸上，左右分别绘制各层的一半，同时中间要注上对称符号。

（4）当建筑平面较大时，可以分段绘制。

2．平面图的图示内容

（1）表示出墙、柱、门、窗的位置和编号，房间名称或编号，轴线编号等。

（2）标注出室内外的有关尺寸及室内楼、地面的标高。建筑物的底层，标高为 ±0.000。

（3）表示出电梯、楼梯的位置以及楼梯的上下方向和主要尺寸。

（4）表示出阳台、雨篷、踏步、斜坡、雨水管道、排水沟等设施的具体位置以及大小尺寸。

（5）绘制出卫生器具、水池、工作台以及其他重要设备的位置。

（6）绘制出剖面图的剖切符号以及编号。根据绘图习惯，一般只在底层平面图中绘制。

（7）标注出有关部位上节点详图的索引符号。

（8）绘制出指北针。根据绘图习惯，一般只在底层平面图中绘制指北针。

3．平面图类型

（1）按剖切位置分类。

根据剖切位置不同，平面图可分为地下层平面图、底层平面图、X 层平面图、标准层平面图、屋顶平面图、夹层平面图等。

（2）按设计阶段分类。

根据不同的设计阶段，平面图可分为方案平面图、初设平面图和施工平面图，不同阶段的图纸表达深度也不同。

17.2.2　绘制培训大楼平面图

培训大楼平面图的具体绘制步骤如下。

（1）将视图切换至 1F 楼层平面。

（2）在项目浏览器中选择"楼层平面"→"1F"节点，单击鼠标右键，在弹出的快捷菜单中单击"复制视图"→"带细节复制"命令，如图 17-31 所示。

（3）在项目浏览器中选择"楼层平面"→"1F 副本1"节点，单击鼠标右键，在弹出的快捷菜单中单击"重命名"命令，输入名称为"一层平面图"，系统自动切换至此视图。

（4）单击"视图"选项卡→"图形"面板→"可见性/图形"按钮，打开"楼层平面：一层平面图的可见性/图形替换"对话框。在"模型类别"选项卡中取消勾选"地形""场地""家具""植物"复选框，如图 17-32 所示。在"注释类别"选项卡中取消勾选"立面"复选框，单击"确定"按钮，整理后的图形如图 17-33所示。

图 17-31　快捷菜单

图 17-32　"楼层平面：一层平面图的可见性／图形替换"对话框

图 17-33　整理一层平面图

（5）在"属性"选项板中的"视图范围"栏中单击"编辑"按钮，打开"视图范围"对话框。设置"顶部"为"相关标高（1F）"，"偏移"为"3300"，其他采用默认设置，单击"确定"按钮，如图 17-34 所示，一层平面图如图 17-35 所示。

（6）单击"建筑"选项卡→"房间和面积"面板→"房间"按钮，打开"修改 | 放置 房间"选项卡和选项栏，如图 17-36 所示。

图 17-34 "视图范围"对话框

图 17-35 一层平面图

图 17-36 "修改 | 放置 房间"选项卡和选项栏

- 在放置时进行标记 ⚊：如果要随房间显示房间标记，则开启此按钮；如果要在放置房间时忽略房间标记，则取消选中此按钮。
- 高亮显示边界 ⬚：如果要查看房间边界图元，则开启此按钮，Revit 将以金黄色高亮显示所有房间边界图元，并显示一个警告对话框。
- 上限：指定将从其测量房间上边界的标高。如果要向标高 1 楼层平面添加一个房间，并希望该房间从标高 1 扩展到标高 2 或标高 2 上方的某个点，则可将"上限"指定为"标高 2"。

● 偏移：输入房间上边界距该标高的距离。输入正值表示向"上限"标高上方偏移，输入负值表示向其下方偏移。

● 标注方向 ⊡：指定所需房间的标记方向，包括"水平""垂直"和"模型" 3 种方向。

● 引线：指定房间标记是否带有引线。

● 房间：可以选择"新建"创建新的房间，或者从列表中选择一个现有房间。

（7）在"属性"选项板中选择"标记 _ 房间 - 无面积 - 施工 - 仿宋 - 3mm - 0-67"类型，并设置房间的其他属性，如图 17-37 所示。

● 标高：房间所在的底部标高。

● 上限：测量房间上边界时所基于的标高。

● 高度偏移：从"上限"标高到房间上边界之间的距离。输入正值表示向"上限"标高上方偏移，输入负值表示向其下方偏移，输入"0"将使用为"上限"指定的标高。

● 底部偏移：从底部标高（由"标高"参数定义），到房间下边界之间的距离。输入正值表示向底部标高上方偏移，输入负值表示向其下方偏移，输入"0"将使用底部标高。

图 17-37 "属性"选项板

● 面积：根据房间边界图元计算得出的净面积。

● 周长：房间的周长。

● 房间标示高度：指定房间可能的最大高度。

● 体积：启用了体积计算时计算的房间体积。

● 编号：指定的房间编号。此值对于项目中的每个房间都必须是唯一的。如果此值已被使用，Revit 会发出警告信息，但允许继续使用它。

● 名称：指定房间名称。

● 注释：用户指定的有关房间的信息。

● 占用：房间的占用类型。

● 部门：指定将使用房间的部门。

● 基面面层：指定基面的面层信息。

● 天花板面层：指定天花板的面层信息，如大白浆。

● 墙面面层：指定墙面的面层信息，如刷漆。

● 楼板面层：指定地板的面层信息，如地毯。

● 占用者：指定使用房间的人、小组或组织的名称。

（8）在绘图区中将鼠标指针放置在封闭的房间中高亮显示，如图 17-38 所示。单击放置房间，如图 17-39 所示。

（9）按 Esc 键退出命令，双击房间名称进入编辑状态，此时房间以红色线段显示，然后输入房间名称为"楼梯间"，如图 17-40 所示。

（10）单击"建筑"选项卡→"房间和面积"面板→"房间 分隔"按钮 ▨，打开"修改 | 放置房间分隔"选项卡和选项栏，如图 17-41 所示。

图 17-38　预览房间　　　　　图 17-39　放置房间　　　　　图 17-40　输入名称

图 17-41　"修改 | 放置 房间分隔"选项卡和选项栏

（11）单击"绘制"面板→"线"按钮 ⬚，在走廊区域绘制分隔线将大堂和走廊分隔开，如图 17-42 所示。采用相同的方法，绘制下方大堂与走廊的房间分隔线。

图 17-42　绘制分隔线

（12）单击"建筑"选项卡→"房间和面积"面板→"房间"按钮 ⬚，添加房间标记，并修改名称，如图 17-43 所示。

（13）单击"注释"选项卡→"标记"面板→"按类别标记"按钮 ⬚，打开"修改 | 标记"选项卡和选项栏。取消勾选选项栏中"引线"复选框，选择视图中的门和窗，并添加标记，结果如图 17-44 所示。

图 17-43 添加房间标记

图 17-44 添加门和窗标记

（14）从图 17-44 中可以看出，有的门、窗标记没有与门或窗平行，选择标记，在"属性"选项板中设置"方向"为"垂直"，如图 17-45 所示。更改标记方向后的结果如图 17-46 所示。

图 17-45 "属性"选项板 　　　　　　图 17-46 更改标记方向

（15）选择门和窗的标记，拖曳鼠标指针，调整门和窗标记的位置，如图 17-47 所示。

图 17-47　调整门和窗标记的位置

（16）单击"注释"选项卡→"尺寸标注"面板→"高程点"按钮 ⬥，打开"修改 | 放置尺寸标注"选项卡和选项栏。在选项栏中取消勾选"引线"复选框，设置"高程"为"实际 (选定) 高程"。

（17）在"属性"选项板中选择"高程点 正负零高程点 (项目)"类型，将高程点放置在视图中适当的位置，如图 17-48 所示。

图 17-48　标注零点高程点

（18）单击"注释"选项卡→"尺寸标注"面板→"对齐"按钮 ✎，标注细节尺寸，如图 17-49 所示。

图 17-49　标注细节尺寸

（19）单击"注释"选项卡→"尺寸标注"面板→"对齐"按钮，标注内部尺寸，如图 17-50 所示。

图 17-50　标注内部尺寸

（20）单击"注释"选项卡→"尺寸标注"面板→"对齐"按钮，标注外部尺寸，如图 17-51 所示。

图 17-51　标注外部尺寸

（21）单击"注释"选项卡→"文字"面板→"文字"按钮 **A**，打开"修改|放置 文字"选项卡和选项栏，单击"两段"按钮 ◢A，如图 17-52 所示。

图 17-52 "修改|放置 文字"选项卡和选项栏

（22）在"属性"选项板中选择"宋体 5mm"类型，指定引线的起点和转折点，并输入文字为"室外顶棚"，如图 17-53 所示。

（23）单击"视图"选项卡→"图纸组合"面板→"图纸"按钮 🗏，打开"新建图纸"对话框。在列表中选择"A0 公制"图纸，单击"确定"按钮，新建 A0 图纸。

（24）单击"视图"选项卡→"图纸组合"面板→"放置视图"按钮 🗏，打开"视图"对话框。在列表中选择"楼层平面：一层平面图"视图，然后单击"在图纸中添加视图"按钮，将视图添加到图纸中，如图 17-54 所示。

图 17-53 输入文字

图 17-54 添加视图到图纸

（25）在图纸中选择标题和视口，单击"修改|视口"选项卡→"视图"面板→"在视图中隐藏" 💡下拉列表→"隐藏图元"按钮 💡◢，隐藏选择的图元。

（26）单击"注释"选项卡→"文字"面板→"文字"按钮 **A**，在打开的"修改|放置 文字"选项卡中单击"无引线"按钮 **A**，在"属性"选项板中选择"文字 宋体 10mm"类型，输入文字

为"一层平面图",输入比例值"1:100",结果如图 17-55 所示。

一层平面图 1:100

图 17-55　输入文字和比例

（27）在项目浏览器中的"J0-2-未命名"上单击鼠标右键，在弹出的快捷菜单中单击"重命名"命令，如图 17-56 所示。

（28）打开"图纸标题"对话框，输入名称为"一层平面图"，单击"确定"按钮，完成图纸的命名，如图 17-57 所示。

图 17-56　快捷菜单

图 17-57　"图纸标题"对话框

读者可以根据一层平面图的创建方法，创建培训大楼的二层平面图和三层平面图，这里就不再一一介绍了。

知识点——平面图标注

平面图标注包括尺寸标注、标高、门窗编号，以及剖切位置及详图索引等。

平面图标注的尺寸有外部尺寸和内部尺寸。

1. 外部尺寸

在平面图轮廓外标注的有以下 3 道尺寸。

第一道尺寸为房屋外轮廓的总尺寸，即从一端的外墙边到另一端的外墙边的总长和总宽。

第二道尺寸为各定位轴线间的距离。其中横向轴线尺寸叫开间尺寸，纵向轴线尺寸叫进深尺寸。

第三道尺寸为分段尺寸，即门窗洞口的宽度和位置、墙垛分段以及细部构造等，标注这道尺寸应以轴线为基准。

三道尺寸线之间的距离一般为 7mm ～ 10mm，第三道尺寸线与平面图中最近的图形轮廓线之间的距离宜小于 10mm。

当平面图的上下或左右的外部尺寸相同时，只需要标注左（右）侧尺寸与上（下）方尺寸就可以了，否则，平面图的上下与左右均应标注尺寸。外墙以外的台阶、平台、散水等细部尺寸应另行标注。

2. 内部尺寸

内部尺寸指外墙以内的全部尺寸，它主要用于注明内墙门窗洞口的位置及其宽度、墙体厚度、房间大小，以及卫生器具、灶台和洗涤盆等固定设备的位置和大小。

3. 标高、门窗编号

平面图中应标注不同楼层距地面的高度及室外地坪等标高。为了编制概预算及统计施工备料，平面图上所有的门窗都应进行编号。

4. 剖切位置及详图索引

为了表示房屋竖向的内部情况，需要绘制建筑剖面图，其剖切位置应在底层平面图中标出，其符号为⌐ ⌐，其中表示剖切位置的"剖切位置线"的长度为 6mm ～ 10mm，剖视方向线应垂直于剖切位置线，其长度应短于剖切位置线，宜为 4mm ～ 6mm。如果剖面图与被剖切图不在同一张图纸内，可在剖切位置线的另一侧注明其所在图纸号。如果图中某个部分需要画出详图，则在该部位要标出详图索引标志，表示另用详图表示。平面图中各房间的用途，宜用文字标出，如"卧室""客厅""厨房"等。

17.3 立面图

立面图是用来研究建筑立面的造型和装修的图样。立面图主要反映建筑物的外貌和立面装修的方法，这是因为建筑物给人的美感主要来自其立面的造型和装修。

17.3.1 立面图概述

立面图是用直接正投影法对建筑各个墙面进行投影所得到的正投影图。一般来说，立面图上的图示内容有墙体外轮廓及内部凹凸轮廓、门窗（幕墙）、入口台阶及坡道、雨篷、窗台、窗楣、壁柱、檐口、栏杆、外露楼梯、各种线脚等。从理论上讲，所有建筑构配件的正投影图均要反映在立面图上，但实际上，一些比例较小的细部可以简化或用图例来代替。例如门窗的立面，可以在具有代表性的位置仔细绘制出窗扇、门扇等细节，而同类门窗则用其轮廓表示即可。在施工图中，如果门窗不是引用有关门窗图集，则其细部构造需要绘制大样图来表示，这样就弥补了立面图的不足。

此外，当立面转折较复杂时，可以绘制展开立面图。对于圆形或多边形平面的建筑物，可分段展开绘制立面图。为了图示明确，在图名上均应注明"展开"二字，在转角处应准确标明轴线号。立面图命名的目的在于能够一目了然地识别其立面的位置。因此，各种命名方式都是围绕"明确位置"这个主题来实施。至于采取哪种方式，则视具体情况而定。例如以下几种命名方式。

1. 以相对主入口的位置特征命名

以相对主入口的位置特征命名时，立面图可称为正立面图、背立面图、侧立面图等。这种方式一般适用于建筑平面图方正、简单，入口位置明确的情况。

2. 以相对地理方位的特征命名

以相对地理方位的特征命名时，立面图常称为南立面图、北立面图、东立面图、西立面图等。这种方式一般适用于建筑平面图规整、简单，而且朝向相对正南、正北偏转不大的情况。

3. 以轴线编号命名

以轴线编号命名是指用立面起止定位轴线来命名，如①-⑥立面图、Ⓔ-Ⓐ立面图等。这种方式命名准确，便于查对，特别适用于立面较复杂的情况。

根据国家标准《建筑制图标准》（GB/T 50104-2017），有定位轴线的建筑物，宜根据两端定位轴线号编注立面图名称。无定位轴线的建筑物可按平面图各面的朝向确定名称。

17.3.2 绘制培训大楼立面图

培训大楼立面图的具体绘制步骤如下。

（1）将视图切换至西立面图。

（2）在项目浏览器中选择"立面"→"西"节点，单击鼠标右键，在弹出的快捷菜单中单击"复制视图"→"带细节复制"命令。

（3）将新复制的立面图重命名为"西立面图"，并切换至此视图，如图 17-58 所示。

图 17-58 西立面图

（4）单击"视图"选项卡→"图形"面板→"可见性/图形"按钮，打开"立面：西立面图的可见性/图形替换"对话框。在"模型类别"选项卡中分别取消勾选"场地""地形""停车场""植物"复选框，单击"确定"按钮，西立面图如图 17-59 所示。

图 17-59　整理后的西立面图

（5）选择轴线并调整轴线的长度，然后更改轴号的显示和隐藏；选择标高线并调整其长度，然后更改标高线标头的显示和隐藏，如图 17-60 所示。

图 17-60　调整轴线和标高

（6）单击"注释"选项卡→"尺寸标注"面板→"对齐"按钮，标注细节尺寸，如图 17-61 所示。

图 17-61　标注细节尺寸

（7）单击"注释"选项卡→"尺寸标注"面板→"对齐"按钮 ✎，标注外部尺寸，如图 17-62 所示。

图 17-62　标注外部尺寸

（8）单击"注释"选项卡→"文字"面板→"文字"按钮 **A**，打开"修改 | 放置 文字"选项卡。单击"两段"按钮 ，在"属性"选项板中选择"宋体 5mm"类型，指定引线的起点和转折点，并输入文字，如图 17-63 所示。

图 17-63　添加文字说明

（9）单击"视图"选项卡→"图纸组合"面板→"图纸"按钮 ，打开"新建图纸"对话框。在列表中选择"A1 公制"图纸，单击"确定"按钮，新建 A1 图纸。

（10）单击"视图"选项卡→"图纸组合"面板→"放置视图"按钮 ，打开"视图"对话框。在列表中选择"立面：西立面图"视图，然后单击"在图纸中添加视图"按钮，将视图添加到图纸中，如图 17-64 所示。

（11）选择图形中的视口标题，在"属性"选项板中选择"视口 没有线条的标题"类型，并将标题拖曳到图中适当的位置。

（12）单击"注释"选项卡→"文字"面板→"文字"按钮 **A**，在"属性"选项板中选择"文字 宋体 5mm"类型，输入比例值"1：100"，结果如图 17-65 所示。

（13）在"项目浏览器"中的"J0-3- 未命名"上单击鼠标右键，在弹出的快捷菜单中单击"重命名"命令，打开"图纸标题"对话框。输入名称为"西立面图"，单击"确定"按钮，完成图纸的命名。

读者可以根据西立面图的创建方法，创建培训大楼的东立面图、南立面图和北立面图，这里就不再一一介绍了。

图 17-64 添加视图到图纸

图 17-65 输入文字

17.4 剖面图

剖面图是表现建筑室内空间关系的必备图样，是建筑制图中的一个重要环节。其绘制方法与立面图相似，主要区别在于剖面图需要表示出被剖切构配件的截面形式及材料图案。在平面图、立面图的基础上学习剖面图绘制会简单很多。

17.4.1 剖面图绘制概述

剖面图是指用剖切面将建筑物的某一位置剖开，移去一侧后剩下一侧沿剖视方向的正投影图，用来表现建筑内部空间关系、结构形式、楼层情况以及门窗、楼层、墙体构造做法等。根据工程的需要，绘制一个剖面图可以选择一个剖切面、两个平行的剖切面或相交的两个剖切面，如图 17-66 所示。对于两个相交剖切面的情形，应在图名中注明"展开"二字。剖面图与断面图的区别在于：剖面图除了应表示出剖切到的部位外，还应表示出投射方向看到的构配件轮廓（即"看线"）；而断面图只需要表示出剖切到的部位。

一个剖切面　　两个平行剖切面　　两个相交剖切面

图 17-66　剖切面形式

根据不同阶段的设计深度，图示内容也有所不同。

方案阶段重点在于表现剖切部位的空间关系、建筑层数、高度、室内外高差等。剖面图中应注明室内外地坪标高、楼层标高、建筑总高度（室外地面至檐口）、剖面编号、比例或比例尺等。如果有建筑高度控制，还需标明最高点的标高。

初步设计阶段需要在方案图的基础上增加主要内外承重墙、柱的定位轴线和编号，更加详细、清晰、准确地表达出建筑结构、构件（例如剖到或看到的墙、柱、门窗、楼板、地坪、楼梯、台阶、坡道、雨篷、阳台等）本身及相互关系。

施工图阶段在优化、调整、丰富初步设计图的基础上显示最为详细的图示内容：一方面是剖到和看到的构配件图样准确、详尽、到位；另一方面是标注详细，除了标注室内外地坪、楼层、屋面突出物、各构配件的标高外，还要标注竖向尺寸和水平尺寸。竖向尺寸包括外部 3 道尺寸（与立面图类似）和内部地坑、隔断、吊顶、门窗等部位的尺寸；水平尺寸包括两端和内部剖到的墙、柱定位轴线间尺寸及轴线编号。

根据《建筑制图标准》（GB/T50104-2017）规定，剖面图的剖切部位应根据图纸的用途或设计深度，在平面图上选择空间复杂，能反映全貌、构造特征以及有代表性的部位剖切。

投射方向一般宜向左、向上，当然也要根据工程情况来定。剖切符号标在底层平面图中，短线指向为投射方向。剖面图编号标在投射方向一侧，剖切线若有转折，应在转角的外侧加注与该符号相同的编号，如图 17-66 所示。

17.4.2　绘制培训大楼剖面图

培训大楼剖面图的具体绘制步骤如下。

（1）将视图切换到一层平面图楼层平面。

（2）单击"视图"选项卡→"创建"面板→"剖面"按钮，打开"修改 | 剖面"选项卡和选项栏，如图 17-67 所示，采用默认设置。

图 17-67　"修改 | 剖面"选项卡和选项栏

（3）在视图中绘制剖面线，然后调整剖面线的位置，如图 17-68 所示。

图 17-68 绘制剖面线

（4）选择第（3）步绘制的剖面线，打开"修改|视图"选项卡和选项栏，如图 17-69 所示。单击"剖面"面板→"拆分线段"按钮，在适当的位置拆分剖面线，如图 17-70 所示。

图 17-69 "修改|视图"选项卡和选项栏

选择要拆分的剖面线   放置新片段

图 17-70 拆分剖面线

（5）选择拆分的剖面线，拖曳剖面线上的控制点调整剖面线，如图 17-71 所示。

图 17-71　调整剖面线

（6）绘制完剖面线，系统会自动创建剖面图，在项目浏览器的"剖面（建筑剖面）"节点下双击"剖面 1"视图，打开此剖面视图，如图 17-72 所示。

图 17-72　自动生成的剖面视图

（7）拖曳剖面视图的视口，使剖面视图全部显示，如图 17-73 所示。

图 17-73　剖面视图

（8）在"属性"选项板中取消勾选"裁剪区域可见"复选框，隐藏视图中的裁剪区域，如图 17-74 所示。

图 17-74　隐藏裁剪区域

（9）分别选择轴号和标高线，并拖曳调整其位置，然后更改轴号的显示和隐藏，整理后的结果如图 17-75 所示。

> 提示　在一层平面图中选择剖面线，单击"翻转剖面"按钮，可切换剖切方向。本例中另一个剖切方向的视图如图 17-76 所示。

图 17-75　整理轴号和标高线的位置

图 17-76　另一个方向的剖面图

（10）单击"注释"选项卡→"尺寸标注"面板→"对齐"按钮，标注尺寸，如图 17-77 所示。

图 17-77　标注尺寸

（11）单击"视图"选项卡→"图纸组合"面板→"图纸"按钮，打开"新建图纸"对话框。在列表中选择"A1 公制"图纸，单击"确定"按钮，新建 A1 图纸。

（12）单击"视图"选项卡→"图纸组合"面板→"放置视图"按钮，打开"视图"对话框。在列表中选择"剖面：剖面 1"视图，然后单击"在图纸中添加视图"按钮，将视图添加到图纸中，如图 17-78 所示。

（13）选择图形中的视口标题，在"属性"选项板中选择"视口没有线条的标题"类型，并将标题拖曳到图中适当的位置，然后在"属性"选项板中更改视图名称为"1-1 剖面图"，如图 17-79 所示。

（14）单击"注释"选项卡→"文字"面板→"文字"按钮 **A**，在"属性"选项板中选择"文字 宋体 5mm"类型，输入比例值"1：100"，结果如图 17-80 所示。

图 17-78　添加视图到图纸

图 17-79　"属性"选项板

图 17-80　输入文字

（15）在项目浏览器中的"J0-4- 未命名"上单击鼠标右键，在弹出的快捷菜单中单击"重命名"命令。打开"图纸标题"对话框，输入名称为"1-1 剖面图"，单击"确定"按钮，完成图纸的命名。

读者可以根据 1-1 剖面图的创建方法，创建其他剖面图，这里就不再一一介绍了。

知识点——剖面图尺寸标注

剖面图标注的尺寸有外部尺寸和内部尺寸。

1. 外部尺寸

外部尺寸一般标注以下 3 道。

第一道尺寸为靠近图样的细部尺寸，表示门窗、洞口、墙体等细部的构造尺寸。

第二道尺寸为中间一道的层高尺寸。

第三道尺寸为最外一道的总尺寸，指从建筑室外地坪到建筑物屋顶的高度，表示建筑物的总高。

2. 内部尺寸

用来标注各层的净空大小、内部门窗洞口的高度和宽度、墙身厚度以及固定设备大小等。内部尺寸一般只有一道。当有些节点、构造在建筑剖面图中表示得不清楚时，可用详图索引符号引注。

17.5 详图

详图是用较大的比例将建筑的细部或构配件的形状、大小、材料和做法，按正投影图的画法，详细地表示出来的图样。

17.5.1 详图绘制概述

前面介绍的平、立、剖面图均是全局性的图纸，由于比例的限制，不能将一些复杂的细部或局部表示清楚，因此需要将这些细部和局部的构造、材料及相互关系采用较大的比例详细地绘制出来，以指导施工。这样的建筑图形称为详图，也称大样图。对于将局部平面（如厨房、卫生间）放大绘制的图形，习惯叫作放大图。需要绘制详图的一般有室内外墙节点、楼梯、电梯、厨房、卫生间、门窗、室内外装饰等部分。

1. 内外墙节点

内外墙节点一般用平面和剖面表示，常用比例为 1：20。平面节点详图需要表示出墙、柱或构造柱的材料和构造关系。剖面节点详图即常说的墙身详图，需要表示出墙体与室内外地坪、楼面、屋面的关系，以及相关的门窗洞口、梁或圈梁、雨篷、阳台、女儿墙、檐口、散水、防潮层、屋面防水、地下室防水等构造做法。墙身详图可以从室内外地坪、防潮层处开始，一路画到女儿墙压顶。为了节省图纸，在门窗洞口处可以断开，也可以重点绘制地坪、中间层、屋面处的几个节点，而将中间层重复使用的节点集中到一个详图中表示，其中节点一般由上至下编号。

2. 楼梯详图

楼梯详图包括平面、剖面及节点 3 部分。平面、剖面视图常用 1：50 的比例绘制，楼梯中的节点详图可以根据对象大小酌情采用 1∶5、1∶10、1∶20 等比例。楼梯平面图与建筑平面图不同的是它只需要绘制出楼梯及四面相接的墙体，而且楼梯平面图需要准确地表示出楼梯间净空、梯段长度、梯段宽度、踏步宽度和级数、栏杆（栏板）的大小及位置，以及楼面、平台处的标高等。楼梯间剖面图只需要绘制出楼梯相关的部分，相邻部分可用折断线断开。选择在底层第一跑梯并能够剖到门窗的位置剖切，向底层另一跑梯段方向投射。楼梯间剖面图需要标注出层高、平台、梯段、门窗洞口、栏杆高度等竖向尺寸，并应标注出室内外地坪、平台、平台梁底面的标高；水平方向需要标注出定位轴线及编号、轴线尺寸、平台、梯段尺寸等。梯段尺寸一般用"踏步宽（高）× 级数 ＝ 梯段宽（高）"的形式表示。此外，楼梯剖面上还应注明栏杆构造节点详图的索引编号。

3. 电梯详图

电梯详图一般包括电梯间平面图、机房平面图和电梯间剖面图 3 部分，常用 1∶50 的比例绘制。电梯间平面图需要表示出电梯井、电梯厅、前室相对定位轴线的尺寸及自身的净空尺寸，还要表示出电梯图例及配重位置、电梯编号、门洞大小及开取形式、地坪标高等。机房平面图需要表示出设备平台位置及平面尺寸、顶面标高、楼面标高以及通往平台的梯子形式等内容。电梯间剖面图需要剖在电梯井、门洞处，表示出地坪、楼层、地坑、机房平台的竖向尺寸和高度，标注出门洞高度。为了节约图纸，中间相同部分可以折断绘制。厨房、卫生间放大图根据其大小可酌情采用 1∶30、1∶40、1∶50 的比例绘制。需要详细表示出各种设备的形状、大小和位置及地面设计标高、地面排水方向及坡度等，对于需要进一步说明的构造节点，需标明详图索引符号，或绘制节点详图，或引用图集。

4. 门窗详图

门窗详图包括立面图、断面图、节点详图等内容。立面图常用 1∶20 的比例绘制，断面图常用 1∶5 的比例绘制，节点详图常用 1∶10 的比例绘制。标准化的门窗可以引用有关标准图集，说明其门窗图集编号和所在位置。根据《建筑工程设计文件编制深度规定》（2016 年版），非标准的门窗、幕墙需绘制详图。如委托加工，需绘制出立面分格图，标明开取扇、开取方向，说明材料、颜色及与主体结构的连接方式等。

就图形而言，详图兼有平、立、剖面图的特征，它综合了平、立、剖面图绘制的基本操作方法，并具有自己的特点，只要掌握了一定的绘图程序，绘制难度不大。真正的难度在于对建筑构造、建筑材料、建筑规范等相关知识的掌握。

17.5.2　绘制培训大楼楼梯详图

培训大楼楼梯详图的具体绘制步骤如下。

1. 创建楼梯平面详图

（1）将视图切换到 1F 楼层平面视图。

（2）单击"视图"选项卡→"创建"面板→"详图索引"下拉列表→"矩形"按钮，打开"修改 | 详图索引"选项卡和选项栏，如图 17-81 所示。

图 17-81　"修改 | 详图索引"选项卡和选项栏

（3）在视图中的楼梯间位置单击，确定详图索引的角点，绘制详图索引范围框，如图 17-82 所示。

（4）系统自动创建"1F- 详图索引 1"视图，双击进入此视图，如图 17-83 所示。

图 17-82　绘制详图索引范围框

（5）在"属性"选项板的视图样板中单击"无"按钮，打开"指定视图样板"对话框。在名称列表中选择"楼梯 _ 平面大样"，单击"确定"按钮，如图 17-84 所示，楼梯平面大样图如图 17-85 所示。

图 17-83　详图索引 1 视图

图 17-84　"指定视图样板"对话框

（6）在"属性"选项板中取消勾选"裁剪区域可见"复选框，或者单击视图控制栏中的"隐藏裁剪区域"按钮，隐藏裁剪区域，如图 17-86 所示。

图 17-85　楼梯平面大样图　　　　　　图 17-86　隐藏裁剪区域

（7）单击"注释"选项卡→"符号"面板→"符号"按钮■，打开"修改|放置 符号"选项卡和选项栏。在"属性"选项板中选择"符号剖断线"类型，然后在选项栏中勾选"放置后旋转"复选框，如图 17-87 所示。

图 17-87　"修改|放置 符号"选项卡和选项栏

（8）在视图中左侧放置剖断线，并旋转 90°。选择剖断线，在"属性"选项板中更改虚线长度，然后调整剖断线的位置，如图 17-88 所示。

放置　　　　　　　　　　旋转90°

图 17-88　放置剖断线

更高虚线长度   结果

图 17-88   放置剖断线（续）

（9）采用相同的方法，绘制下端的剖断线，设置"虚线长度"为"40"，如图 17-89 所示。

（10）单击"注释"选项卡→"尺寸标注"面板→"对齐"按钮 ，标注尺寸，如图 17-90 所示。

图 17-89   绘制剖断线   图 17-90   标注尺寸

（11）双击楼梯标注中的文字，打开"尺寸标注文字"对话框。选择"以文字替换"单选项，输入"12×300=3600"，其他采用默认设置，单击"确定"按钮，如图 17-91 所示。修改后的结果如图 17-92 所示。

（12）将视图重命名为"楼梯平面图"。

2．创建楼梯剖面详图

（1）单击"视图"选项卡→"创建"面板→"剖面"按钮 ，打开"修改 | 剖面"选项卡和选项栏，采用默认设置。

图 17-91　"尺寸标注文字"对话框

图 17-92　修改尺寸

（2）在视图中楼梯左侧绘制剖面线。

（3）绘制完剖面线，系统会自动创建剖面图，在项目浏览器的"剖面(建筑剖面)"节点下双击"剖面1"视图，打开此剖面视图，如图 17-93 所示。

（4）在视图控制栏中将详细程度调整为"精细" ▧，然后拖曳裁剪框，调整到适合的大小，并隐藏裁剪框，如图 17-94 所示。

图 17-93　自动生成的剖面视图

图 17-94　隐藏裁剪框

（5）单击"注释"选项卡→"尺寸标注"面板→"对齐"按钮，标注尺寸，如图 17-95 所示。

（6）单击"注释"选项卡→"尺寸标注"面板→"高程点"按钮，打开"修改|放置尺寸标注"选项卡和选项栏。在选项栏中取消勾选"引线"复选框，设置"显示高程"为"实际（选定）高程"。

（7）在"属性"选项板中选择"高程点 三角形（项目）"类型，将高程点放置在房间地面和楼梯平台上，结果如图 17-96 所示。

图 17-95　标注尺寸　　　　　　　　　　　图 17-96　标注高程

（8）调整轴线上轴号的显示与隐藏，更改视图名称为"楼梯剖面图"。

3. 创建楼梯详图图纸

（1）单击"视图"选项卡→"图纸组合"面板→"图纸"按钮，打开"新建图纸"对话框。在列表中选择"A2 公制"图纸，单击"确定"按钮，新建 A2 图纸。

（2）单击"视图"选项卡→"图纸组合"面板→"放置视图"按钮，打开"视图"对话框。在列表中分别选择"楼层平面：楼梯平面图"和"剖面：楼梯剖面图"视图，然后单击"在图纸中添加视图"按钮，将视图添加到图纸中，如图 17-97 所示。

（3）选择图形中的视口标题，在"属性"选项板中选择"视口 没有线条的标题"类型，并将标题拖曳到图中适当的位置。

（4）单击"注释"选项卡→"文字"面板→"文字"按钮 A，在"属性"选项板中选择"文字 宋体 5mm"类型，输入比例值"1：50"，结果如图 17-98 所示。

（5）在项目浏览器中的"J0-5- 未命名"上单击鼠标右键，在弹出的快捷菜单中单击"重命名"命令，打开"图纸标题"对话框。输入名称为"楼梯详图"，单击"确定"按钮，完成图纸的命名。

图 17-97 添加视图到图纸

图 17-98 输入文字

17.6 打印图纸

打印图纸的具体操作步骤如下。

（1）双击"J0-2-一层平面图"，打开一层平面图图纸。

（2）单击"文件"程序菜单→"打印"→"打印设置"命令，打开"打印设置"对话框，如图 17-99 所示。"打印设置"对话框中的选项说明如下。

- 打印机：要使用的打印机或打印驱动。
- 名称：要用作起点的预定义打印设置。
- 纸张：从对应的下拉列表中选择纸张尺寸和纸张来源。
- 方向：选择"纵向"或"横向"进行页面垂直或水平定向。
- 隐藏线视图：选择一个单选项，以提高在立面、剖面和三维视图中隐藏视图的打印性能。
- 缩放：指定是将图纸与页面的大小匹配，还是缩放到原始大小的某个百分比。
- 外观。
  - ✓ 光栅质量：控制传送到打印设备的光栅数据的分辨率。光栅质量越高，打印时间越长。
  - ✓ 颜色：包括"黑白线条""灰度"和"彩色"3个选项。黑白线条：所有文字、非白色线、填充图案线和边缘用黑色打印，所有的光栅图像和实体填充图案以灰度模式打印。灰度：所有颜色、文字、图像和线以灰度模式打印。彩色：如果打印设备支持彩色，则会保留并打印项目中的所有颜色。
- 选项。
  - ✓ 用蓝色表示视图链接(仅颜色打印)：默认情况下，用黑色打印视图链接，但是也可以选择用蓝色打印。
  - ✓ 隐藏参照/工作平面：勾选此复选框，不打印参照平面和工作平面。
  - ✓ 隐藏未参照视图的标记：如果不希望打印不在图纸中的剖面、立面和详图索引视图的视图标记，则勾选此复选框。
  - ✓ 区域边缘遮罩重合线：勾选此复选框，遮罩区域和填充区域的边缘会覆盖和它们重合的线。
  - ✓ 隐藏范围框：勾选此复选框，不打印范围框。
  - ✓ 隐藏裁剪边界：勾选此复选框，不打印裁剪边界。
  - ✓ 将半色调替换为细线：如果视图以半色调显示某些图元，则勾选此复选框，将半色调图形替换为细线。

（3）在对话框中设置"名称"为"默认"，纸张尺寸为"A3"，"方向"为"横向"，"页面位置"为"中心"，"缩放"为"匹配页面"，其他采用默认设置，单击"确定"按钮，如图17-100所示。

图 17-99　"打印设置"对话框

图 17-100　打印设置

（4）单击"文件"程序菜单→"打印"→"打印"命令，打开"打印"对话框，选择第（3）步默认设置的"Microsoft Print to PDF"打印机，设置文件的路径和名称，如图 17-101 所示。

（5）设置"打印范围"为"当前窗口"。

（6）单击"属性"按钮，打开"Microsoft Print to PDF 文档 属性"对话框，在"布局"选项卡中设置"方向"为"横向"，如图 17-102 所示。其他采用默认设置，单击"确定"按钮。

图 17-101 "打印"对话框　　　　图 17-102 "Microsoft Print to PDF 文档 属性"对话框

（7）单击"预览"按钮，预览视图的打印效果，如图 17-103 所示。

图 17-103 打印预览

（8）查看如果没有问题，则直接单击"打印"按钮，进行打印。

提示　　如果要打印多个图纸或视图，则不能使用打印预览。

17.7　导出 DWG 图纸

导出 DWG 图纸的具体操作步骤如下。

（1）双击"J0-2- 一层平面图"，打开一层平面图图纸。

（2）单击"文件"程序菜单→"导出"→"CAD 格式"→"DWG"命令，打开"DWG 导出"对话框，如图 17-104 所示。

图 17-104　"DWG 导出"对话框

"DWG 导出"对话框中的选项说明如下。

- 导出：确定要在"视图 / 图纸"列表中显示的集，该列表中包括"仅当前视图 / 图纸"和"任务中的视图 / 图纸集"两个集。
  - ✓ 仅当前视图 / 图纸：显示当前活动中的视图或图纸。
  - ✓ 任务中的视图 / 图纸集：启用"按列表显示"可对整个项目或已建立集的视图和图纸进行过滤。
- 新建集📑：创建空集。
- 复制集📑：创建活动集的副本。
- 重命名集🖹：重命名活动集。
- 删除集📑：删除活动集。
- 视图 / 图纸列表：显示按"导出"和"按列表显示"选项过滤的视图和图纸。
  - ✓ 包含：勾选此复选框，将视图导出为输出文件。
  - ✓ 类型：显示用来表示视图类型的图标，包括平面视图、剖面视图、立面视图、三维视图和图纸。

✓　名称：显示视图的名称，双击该名称可在左侧的预览窗格中查看对应视图的缩略图。

（3）单击 按钮，打开图 17-105 所示的"修改 DWG/DXF 导出设置"对话框。在选择导出设置列表中选择要修改的设置，在左侧面板中列出所有现有的导出设置，根据需要在右侧选项卡中指定导出选项。

图 17-105　"修改 DWG/DXF 导出设置"对话框

"修改 DWG/DXF 导出设置"对话框中的选项说明如下。

● 新建导出设置：单击此按钮，打开"新的导出设置"对话框，输入名称，创建新的导出设置。

● 复制导出设置：使用当前选定的导出设置中的设置，创建新设置。

● 重命名导出设置：为当前选定的导出设置指定新名称。

● 删除导出设置：删除选定的导出设置。

● "层"选项卡：可自定义 DWG 或 DXF 导出设置的图层映射设置。

● "线"选项卡：指定用来控制 Revit 线型定义导出方式的线型比例。也可根据需要将 Revit 线型图案映射到 DWG/DXF 线型图案。

● "填充图案"选项卡：可将 Revit 填充图案映射到 DWG 中的影线填充图案。

● "文字和字体"选项卡：可将 Revit 文字字体映射至特定的 DWG/DXF 文字字体。

● "颜色"选项卡：指定颜色导出为 DWG 或 DXF 文件的方式。

● "实体"选项卡：指定三维视图中实体几何图形的导出方式。

● "单位和坐标"选项卡：指定 DWG 单位和坐标系基础。

● "常规"选项卡：可指定导出到 DWG 和 DXF 的相应设置。

（4）单击"确定"按钮，返回"DWG 导出"对话框。单击"下一步"按钮，打开"导出 CAD 格式 - 保存到目标文件夹"对话框，设置保存路径，输入名称为"一层平面图"，如图 17-106 所示。单击"确定"按钮，导出文件。

图 17-106 "导出 CAD 格式 - 保存到目标文件夹"对话框

"导出 CAD 格式 - 保存到目标文件夹"对话框中的选项说明如下。

● 文件类型：为导出的 DWG 文件选择 AutoCAD 版本。

● 命名：选择一个选项用于自动生成文件名。

● 将图纸上的视图和链接作为外部参照导出：取消勾选此复选框，项目中的任何 Revit 或 DWG 链接将导出为单个文件，而不是多个彼此参照的文件。

（5）在 AutoCAD 软件中打开刚保存的一层平面图的 DWG 图纸，如图 17-107 所示。

图 17-107 一层平面图

附录 I
快捷命令

A

快捷键	命令	路径
AR	阵列	修改→修改
AA	调整分析模型	分析→分析模型工具；上下文选项卡→分析模型
AP	添加到组	上下文选项卡→编辑组
AD	附着详图组	上下文选项卡→编辑组
AT	风管末端	系统→HVAC
AL	对齐	修改→修改

B

快捷键	命令	路径
BM	结构框架：梁	结构→结构
BR	结构框架：支撑	结构→结构
BS	结构梁系统；自动创建梁系统	结构→结构；上下文选项卡→梁系统

C

快捷键	命令	路径
CO/CC	复制	修改→修改
CG	取消	上下文选项卡→编辑组
CS	创建类似	修改→创建
CP	连接端切割：应用连接端切割	修改→几何图形
CL	柱；结构柱	建筑→构建；结构→结构
CV	转换为软风管	系统→HVAC
CT	电缆桥架	系统→电气
CN	线管	系统→电气
Ctrl+Q	关闭文字编辑器	上下文选项卡→编辑文字；文字编辑器

D

快捷键	命令	路径
DI	尺寸标注	注释→尺寸标注；修改→测量；创建→尺寸标注；上下文选项卡→尺寸标注
DL	详图 线	注释→详图
DR	门	建筑→构建
DT	风管	系统→HVAC
DF	风管管件	系统→HVAC
DA	风管附件	系统→HVAC
DC	检查风管 系统	分析→检查系统
DE	删除	修改→修改

E

快捷键	命令	路径
EC	检查 线路	分析→检查系统
EE	电气设备	系统→电气
EX	排除构件	关联菜单
EW	弧形导线	系统→电气

快捷键	命令	路径
EW	编辑 尺寸界线	上下文选项卡→尺寸界线
EL	高程点	注释→尺寸标注；修改→测量；上下文选项卡→尺寸标注
EG	编辑 组	上下文选项卡→成组
EH	在视图中隐藏：隐藏图元	修改→视图
EU	取消隐藏 图元	上下文选项卡→显示隐藏的图元
EOD	替换视图中的图形：按图元替换	修改→视图
EOG	图形由视图中的图元替换：切换假面	-
EOH	图形由视图中的图元替换：切换半色调	-

F

快捷键	命令	路径
FG	完成	上下文选项卡→编辑组
FR	查找/替换	注释→文字；创建→文字；上下文选项卡→文字
FT	结构基础：墙	结构→基础
FD	软风管	系统→HVAC
FP	软管	系统→卫浴和管道
F7	拼写检查	注释→文字；创建→文字；上下文选项卡→文字
F8/Shift+W	动态视图	-
F5	刷新	-
F9	系统浏览器	视图→窗口

G

快捷键	命令	路径
GP	创建组	创建→模型；注释→详图；修改→创建；创建→详图；建筑→模型；结构→模型
GR	轴网	建筑→基准；结构→基准

H

快捷键	命令	路径
HH	隐藏图元	视图控制栏
HI	隔离图元	视图控制栏
HC	隐藏类别	视图控制栏
HR	重设临时隐藏/隔离	视图控制栏
HL	隐藏线	视图控制栏

I

快捷键	命令	路径
IC	隔离类别	视图控制栏

L

快捷键	命令	路径
LD	荷载	分析→分析模型
LO	热负荷和冷负荷	分析→报告和明细表

快捷键	命令	路径
LG	链接	上下文选项卡→成组
LL	标高	创建→基准；建筑→基准；结构→基准
LI	模型线；边界线；线形钢筋	创建→模型；创建→详图；创建→绘制；修改→绘制；上下文选项卡→绘制
LF	照明设备	系统→电气
LW	线处理	修改→视图

M

快捷键	命令	路径
MD	修改	创建→选择；插入→选择；注释→选择；视图→选择；管理→选择等
MV	移动	修改→修改
MM	镜像	修改→修改
MP	移动到项目	关联菜单
ME	机械 设备	系统→机械
MS	MEP设置：机械设置	管理→设置
MA	匹配类型属性	修改→剪贴板

N

快捷键	命令	路径
NF	线管配件	系统→电气

O

快捷键	命令	路径
OF	偏移	修改→修改

P

快捷键	命令	路径
PP/Ctrl+1/VP	属性	创建→属性；修改→属性；上下文选项卡→属性
PI	管道	系统→卫浴和管道
PF	管件	系统→卫浴和管道
PA	管路附件	系统→卫浴和管道
PX	卫浴装置	系统→卫浴和管道
PT	填色	修改→几何图形
PN	锁定	修改→修改
PC	捕捉到点云	捕捉
PS	配电盘 明细表	分析→报告和明细表
PC	检查管道系统	分析→检查系统

R

快捷键	命令	路径
RM	房间	建筑→房间和面积
RT	房间标记	建筑→房间和面积；注释→标记

快捷键	命令	路径
RY	光线追踪	视图控制栏
RR	渲染	视图→演示视图；视图控制栏
RD	在云中渲染	视图→演示视图；视图控制栏
RG	渲染库	视图→演示视图；视图控制栏
R3	定义新的旋转中心	关联菜单
RA	重设分析模型	分析→分析模型工具
RO	旋转	修改→修改
RE	缩放	修改→修改
RB	恢复已排除构件	关联菜单
RA	恢复所有已排除成员	上下文选项卡→成组；关联菜单
RG	从组中删除	上下文选项卡→编辑组
RC	连接端切割；删除连接端切割	修改→几何图形
RH	切换显示隐藏 图元模式	上下文选项卡→显示隐藏的图元；视图控制栏
RC	重复上一个命令	关联菜单

S

快捷键	命令	路径
SA	选择全部实例：在整个项目中	关联菜单
SB	楼板；楼板：结构	建筑→构建；结构→结构
SK	喷头	系统→卫浴和管道
SF	拆分面	修改→几何图形
SL	拆分图元	修改→修改
SU	其他设置：日光设置	管理→设置
SI	交点	捕捉
SE	端点	捕捉
SM	中点	捕捉
SC	中心	捕捉
SN	最近点	捕捉
SP	垂足	捕捉
ST	切点	捕捉
SW	工作平面网格	捕捉
SQ	象限点	捕捉
SX	点	捕捉
SR	捕捉远距离对象	捕捉
SO	关闭捕捉	捕捉
SS	关闭替换	捕捉
SD	带边缘着色	视图控制栏

T

快捷键	命令	路径
TL	细线	视图→图形；快速访问工具栏
TX	文字标注	注释→文字；创建→文字
TF	电缆桥架 配件	系统→电气

续表

快捷键	命令	路径
TR	修剪/延伸	修改→修改
TG	按类别标记	注释→标记；快速访问工具栏

U

快捷键	命令	路径
UG	解组	上下文选项卡→成组
UP	解锁	修改→修改
UN	项目单位	管理→设置

V

快捷键	命令	路径
VV/VG	可见性/图形	视图→图形
VP	视图属性	创建→属性
VR	视图 范围	上下文选项卡→区域；属性选项卡
VH	在视图中隐藏类别	修改→视图
VU	取消隐藏类别	上下文选项卡→显示隐藏的图元
VOT	图形由视图中的类别替换：切换透明度	-
VOH	图形由视图中的类别替换：切换半色调	-
VOG	图形由视图中的图元替换：切换假面	-

W

快捷键	命令	路径
WF	线框	视图控制栏
WA	墙	建筑→构建；结构→结构
WN	窗	建筑→构建
WC	层叠窗口	视图→窗口
WT	平铺窗口	视图→窗口

Z

快捷键	命令	路径
ZZ/ZR	区域放大	导航栏
ZX/ZF/ZE	缩放匹配	导航栏
ZC/ZP	上一次平移/缩放	导航栏
ZV/ZO	缩小两倍	导航栏
ZA	缩放全部以匹配	导航栏
ZS	缩放图纸大小	导航栏

数字

快捷键	命令	路径
32	二维模式	导航栏
3F	飞行模式	导航栏
3W	漫游模式	导航栏
3O	对象模式	导航栏

附录 II
Revit 常见问题

Q：Revit 视图中默认的背景颜色为白色，能否修改？

A：能。单击"文件"程序菜单→"选项"命令，打开"选项"对话框，在"图形"选项卡的"颜色"右侧区域单击背景色块，打开"颜色"对话框，选择需要的背景颜色即可。

Q：文件损坏或出错时如何修复？

A：在"打开"对话框中勾选"核查"复选框。若仍存在问题，可以尝试使用项目的备份文件打开并修复，如"×××项目.0001.rvt"。

Q：如何控制在插入建筑柱时不与墙自动合并？

A：定义建筑柱族时，在"属性"面板中的"其他"栏，注意不要勾选"将几何图形自动连接到墙"复选框。

Q：如何合并拆分后的图元？

A：选择拆分后的任意的一部分图元，单击其操作夹点，使其分离，然后将其拖曳到原来的位置，松开鼠标左键，被拆分的图元就会重新合并。

Q：如何创建曲面墙体？

A：通过体量工具创建符合要求的体量表面，再将体量表面以生成墙的方式创建异形墙体。

Q：如何改变门或窗等基于主体的图元位置？

A：选择需要改变位置的图元，然后单击"修改|××"选项卡中的"拾取新主体"按钮 。

Q：若不小心将面板上的"属性"选项板或者项目浏览器关闭，怎么处理？

A：单击"视图"选项卡"窗口"面板中的"用户界面"按钮 ，在打开的图 1 所示的下拉菜单中勾选"属性"或"项目浏览器"复选框即可。

图 1　用户界面
下拉菜单

Q：如何查看建筑模型内部的某一部分？

A：在"属性"选项板中勾选"剖面框"复选框，调整剖面框的大小来查看建筑模型内部。

Q：渲染场景时，为什么生成的图像或材质呈黑色？

A：① 验证光源定义没有被任何几何模型挡住并且没有位于天花板平面之上。
② 在"可见性/图形替换"对话框中单击"照明设备"，勾选"光源"复选框。
③ 尝试添加另一个光源，最好是"照明设备"和"落地灯－火炬状.rfa"。
④ 渲染场景查看光线是否相同。

Q：如何实现多人多专业协同工作？

A：要实现多人多专业协同工作，将涉及专业间协作管理的问题，仅仅靠 Revit 自身的功能操作是无法完成高效的协作管理的，在开始协同前，必须为协同做好准备工作。准备工作的内容包括确定协同工作方式、确定项目定位信息、确定项目协调机制等。首先要确定协同工作方式，是用链接还是用工作集的方式。工作集的注意事项包括明确构件的命名规则、文件保存的命名规则等。

Q：Revit 中链接 CAD 文件和导入 CAD 文件的区别？

A：链接 CAD 有点类似于 Office 软件里的超链接功能，也就是说，一定要有 CAD 原文件，复制的时候，CAD 原文件也要附带过去，否则 Revit 中的文件就会丢失。简单地说，链接 CAD 文件相当于借用 CAD 文件，如果在外部将 CAD 文件移动位置或者将其删除，Revit 中的 CAD 文件也会随之消失。导入 CAD 文件相当于直接把 CAD 文件变为 Revit 本身的文件，而不是借用，不管外部的 CAD 文件如何变化，都不会对 Revit 中的 CAD 文件产生影响，因为它已经成为 Revit 项目的一部分，与外部 CAD 文件不存在联系。

Q：CAD 图纸在视图中找不到？

A：在 Revit 使用过程中，常遇到导入的 CAD 图纸在视图中找不到的问题，此时可以双击鼠标中键迅速进入视图中心，找到图纸再进行解锁、移动等操作。

Q：创建的柱在视图中不显示？

A：在进行柱的创建的时候，默认放置方式为"深度"，表示柱从放置高度平面向下布置。在建筑样板创建的项目当中，默认的视图范围只能看到当前平面向上的图元，也就导致了所创建的柱显示不出来。所以，一般在创建柱的时候，要将放置方式改为"高度"。

Q：创建的标高没有对应的视图？

A：通过复制创建的标高不会在楼层平面自动生成楼层平面视图，需要通过"视图"选项卡→"创建"面板→"平面视图"下拉列表→"楼层平面"选项来创建新的楼层平面视图。

Q：创建的图元在楼层平面不可见？

A：导致创建的图元在视图中不显示的原因有很多，可以从以下 5 方面检查。第一，检查视图范围，检查创建的图元是否在当前视图范围内；第二，检查视图控制栏中的显示隐藏图元选项，检查该图元是否能够显示；第三，检查"属性"选项板中的规程是否为"协调"；第四，检查"属性"选项板中的"裁剪视图"复选框是否勾选；第五，按快捷键 VV 进入"可见性 / 图形替换"对话框，检查该图元是否勾选"可见性"复选框。

Q：标高偏移与 z 轴偏移的区别？

A：在创建结构梁的过程中，可以通过起点、终点的标高偏移和 z 轴偏移两个参数来调整梁的高度。在结构梁并未旋转的情况下，这两种偏移的结果是相同的。但如果梁需要旋转一个角度，则两种方式创建的梁就会产生差别。

因为标高的偏移无论是否有角度，都会将构件垂直升高或降低。而结构梁的 z 轴偏移在设定角度后，将会沿着旋转后的 z 轴方向进行偏移。另外用起点、终点偏移的方式可以创建斜梁。

Q：怎样避免双击误操作？

A：在使用 Revit 建模过程中，常会由于双击模型中的构件而进入族编辑器中，但有时并不需要进行族的编辑工作。为了避免双击导致的不确定性后果，可以在选项菜单中的用户界面选项卡中双击选项，将族的双击操作设置为无反应。

Q：Revit 中测量点、项目基点、图形原点 3 者的区别？

A：测量点。项目在世界坐标系中实际测量定位的参考坐标原点，需要和总图专业配合，从总图中获取坐标值。

项目基点。项目在用户坐标系中测量定位的相对参考坐标原点，需要根据项目特点确定此点的合理位置（项目的位置是会随着基点位置的变换而变化的，也可以关闭其关联状态，一般以左下角两根轴网的交点为项目基点的位置，所以链接的时候，一定是原点到原点的链接）。

图形原点。默认情况下，在第一次新建项目文件时，测量点和项目基点位于同一个位置点，此点即为图形原点，此点无明显显示标记。

提示

当项目基点、测量点和图形原点不在同一个位置的时候，我们用高程点坐标可以测出 3 个不同的值来，当然测量之前要在高程点的"类型属性"对话框里面把测量点改一下，看是相对于哪一个点。

Q：Revit 轴网 3D 和 2D 的区别?

A：如果轴网都是 3D 的信息，那么标高 1、标高 2 都会跟着一起移动。

如果轴网是 2D 的信息，那么在标高 1 移动轴网时，变化的只有标高 1，其标高 2 平面的轴网不会移动。

Q：CAD 部分不可见?

A：有一些图纸在用 CAD 打开后可能出现部分不可见的现象，是因为不可见的部分是用天正画的。可以将图纸用天正打开后另存为 t3 格式，然后再导入 Revit 中，就能够显示出来之前不可见的部分。如果显示的图形有错误，可以按 RE 快捷键，然后按 Space 键重新生成图形，并刷新当前视口。

Q：视图总是会显示下一层图元的解决办法?

A：将"属性"选项板中"底图 范围：底部标高"设置为"无"，如图 2 所示，就不会看到下层楼层的图元。

Q：如何巧用 Shift 键和 Ctrl 键?

A：在 Revit 中，常把 Shift 键和 Ctrl 键当作功能键来使用，下面教大家如何巧用 Shift 键和 Ctrl 键，熟练运用它们会节省大量时间。

① 在使用"复制"或"移动"命令的时候，可以通过按住 Shift 键，勾选或取消勾选选项栏中的"约束"复选框，可以达到 CAD 中正交的效果（仅能在水平或者垂直方向被复制或移动）。

② 若图元为倾斜状态，使用"复制"或"移动"命令的时候，按住 Shift 键，图元也可以沿着垂直方向进行移动或复制。

图 2

③ 在使用"偏移""镜像"或"旋转"命令的时候，Revit 默认将"复制"复选框勾选上了，按住 Ctrl 键就能勾选或取消勾选选项栏中的"复制"复选框。

④ 使用 Ctrl 键可以实现快速复制的目的（先选择所要复制的图元，再按住 Ctrl 键，之后单击并拖曳选择的图元，即可完成复制）。

⑤ 在使用"复制"或"移动"命令的时候，可以通过按住 Ctrl 键，在"复制"和"移动"命令之间切换。

⑥ 按 Ctrl+Tab 快捷键可以在打开的视图之间切换。

Q：门窗插入有哪些技巧?

A：① 在平面中插入门窗时，在键盘中输入快捷键 SM，门窗会自动定义在墙体的中心位置。

② 使用 Space 键可以快速调整门开启的方向。

③ 在三维视图中调整门窗的位置时需要注意，选择门窗后使用"移动"命令调整时只能在同一平面上进行修改；但重新定义主体后，可以使门窗移动到其他墙面上。

Q：在幕墙中添加门窗有哪些方法？

A：① 在项目中插入一个窗嵌板族，然后按 Tab 键切换选择幕墙中要替换的嵌板，替换为门窗嵌板即可。

② 把幕墙中的一块玻璃替换成墙，然后在墙的位置插入普通的门窗。

Q：如何在斜墙中放置垂直窗？

A：可以创建基于屋顶的公制常规模型的窗进行放置，在给定的屋顶中通过洞口和拉伸工具新建需要的窗，再将其载入项目中放置。

Q：梁连接不上怎么办？

A：首先用修剪延伸为角的工具，尝试将两个梁进行连接，如果梁没有按照理想的方式连接，再用梁连接工具。梁的连接处有小箭头，单击小箭头，就可以将梁连接在一起。

Q：门窗放置后为什么看不到开启扇？

A：出现这种情况的原因是视图范围没有剖切到门窗。例如，门的高度是 2100，但剖切面偏移量是 2200，这样就剖切不到门，所以显示不出来。只需要在"视图范围"对话框中将剖切面偏移量更改为门高度范围内即可。

Q：门窗把手不显示怎么办？

A：门窗把手必须在三维视图或立面视图中的"精细"模式下才会显示出来，"粗略"和"中等"模式不显示门把手，平面视图在任何情况下都不显示门把手。

Q：梁绘制完成后，提示图元不可见怎么办？

A：梁默认顶部标高为当前视图的 0，而当前视图默认的视图范围为 0 之上，所以看不到梁，只需将视图范围后两个数改为负数即可。

Q：更改梁标高有几种方式？

A：两种。一是修改"属性"选项板中的 z 轴偏移值，二是修改起点标高偏移和终点标高偏移。绘制斜梁时通常使用第二种方式。

Q：如何选中楼板？

A：① 将鼠标指针放在楼板边界处，按 Tab 键切换，当楼板高亮显示的时候，单击即可选中楼板。

② 使用"按面选择图元"功能，单击楼板范围内任意一点即可选中楼板。

Q：如何移动楼板表面填充图案的分格线？

A：首先在进行表面填充图案时，将"填充样式"对话框中的填充图案类型设置为"模型"；其次，如果直接在线上单击，选中的是楼板，所以应先将鼠标指针放在线上，按 Tab 键进行切换，当线高亮显示时，单击选中线段即可进行移动。

Q：如何在 Revit 中隐藏导入 CAD 图纸的指定图层？

A：导入 CAD 图纸以后，为了让图纸看起来更加简单明了，可以隐藏图纸中指定的一些图层。单击"视图"选项卡→"图形"面板→"可见性 / 图形"按钮，打开"可见性 / 图形替换"对话框，在"导入的类别"选项卡中单击导入的 CAD 图纸，在图纸节点下取消勾选相应图层复选框，即可隐藏对应的图层。

Q：墙体添加面层后在平面图中不显示？

A：① 视图控制栏中的详细程度必须是"中等"或"精细"模式，"粗略"模式下不显示面层。

② 要显示面层必须是平面视图的视图范围剖切到此墙才可见，也就是说，如果视图的剖切线高于墙顶标高，那么看到的墙是它的表面，而不是截面，表面是看不到面层的。所以墙的最高点要在视图范围之外，才能保证视图范围看到的是墙的截面。

③ 墙的标高设置尽量用"标高到标高"，通过顶部偏移来调整高度。

Q：如何让墙不自动连接？

A：选取墙体，在两端控制点上单击鼠标右键，在弹出的快捷菜单中选择"不允许连接"命令。

Q：导入 CAD 图纸后，为什么图纸在视图中不可见？

A：① CAD 导入的时候，没有选择"全部可见"，如果某些图形在 CAD 图纸中本就不可见，导入的时候又没有选择全部，那么导入 Revit 中就还是不可见。

② CAD 中不可见的部分是用天正画的，这种原因比较常见，可以将图纸用天正打开并另存为 t3 格式，然后再导入 Revit 中即可。

③ 看不见的部分是外部参照，没有绑定，这种情况只需要将外部参照绑定即可。

Q：导入的 CAD 选择不了？

A：因为导入的时候定位选择的是"原点到原点"，这种方式导入的 CAD 图纸是被锁定的，如果 Revit 默认的是不能选择锁定图元，就会导致不能选择此 CAD 图纸。将选择锁定图元功能打开，然后将图纸解锁即可。